WUNPONG AMYU HTUNGHKING NTA

景颇族民居建筑

WUNBVONG AMYU TUNGKING YVUM

彭 明 编著

Paja mungyo Dvudon

Sikung Amyu laigva saitoq wap

德宏民族出版社

图书在版编目（CIP）数据

景颇族民居建筑：汉文、景颇文、载瓦文 / 彭明编著. -- 芒市：
德宏民族出版社, 2013.12
ISBN 978-7-5558-0022-4

Ⅰ.①景… Ⅱ.①彭… Ⅲ.①景颇族—民居—建筑艺术—陇川县—
汉语、景颇语、载瓦语 Ⅳ.①TU241.5

中国版本图书馆CIP数据核字（2013）第308201号

书　　名：景颇族民居建筑：汉文、景颇文、载瓦文
作　　者：彭　明　编著

出版·发行	德宏民族出版社	责任编辑	木　闹
社　　址	云南省德宏州芒市勇罕街1号	责任校对	木　闹
邮　　编	678400	封面设计	彭　明　罗天溥
总编室电话	0692-2124877	发行部电话	0692-2112886
汉文编室	0692-2111881	民文编室	0692-2113131
电子邮件	dmpress@163.com	网　　址	www.dmpress.cn
印　刷　厂	昆明鹰达印刷有限公司		

开　　本	正16开	版　　次	2014年1月第1版
印　　张	6.125	印　　次	2014年1月第1次
字　　数	20千	印　　数	1–4000
书　　号	ISBN 978-7-5558-0022-4/T·30	定　　价	36.00元

如出现印刷、装订错误，请与承印厂联系调换事宜。印刷厂联系电话：0871-63646096

序 言

　　景颇族的传统居民，承载着厚重的文化内涵，在景颇族传统文化中占有重要的席位。形成景颇族独特民居建筑和文化的背景原因，首先是景颇族在相当长的一个时期内处在相对单一、相对封闭、相对聚居的环境中自我发展；其次是为了适应地理条件、自然环境和建筑材料的出产；两次是与生产工具和生产力发展水平相适应。同时，长时期的不断迁徙，对民居产生了深刻的影响，烙下了深深地印迹。

　　随时迁徙和环境的变迁，社会的发展进步，生产生活条件的改善，生活质量的提高，以及主流及外来文化的影响。景颇竹木草顶干栏式传统民居在逐渐消失，以此为载体的传统居民文化也在随之消亡。如何使景颇族民居既顺应社会发展趋势，适应环境变迁，提高生活质量，又能保持传统民居特色，蕴含传统民居文化，彰显景颇民居标识。成为当代景颇人在民居建设和文化建设必需要研究探索、创新实践的课题。彭明同志编著的《景颇族民居建筑》，对这课题作了部分功课，收集整理了陇川地区为主的景颇族传统民居的式样、构造、建设过程及文化内容。将起到记录保存、展示介绍景颇族传统民居文化，影响更多的人参与到解答景颇民居课题的研究实践中来，促进具有景颇特色、适应现代生活、民族认同的新景颇民居的产生。

　　彭明，生长于景颇族传统环境中，但从文化的层面接触、研究景颇族传统民居，始于是1999年任章凤党委副书记时。当时县上要开发广山景颇文化旅游景点，指导民居建设的任务就落在他的身上。从当初工作需要被逼学习研究民居文化，此后热爱民居文化，自觉搜集、探索、研究，把它担为己任。经过十多年的积累，成为同辈人中最熟知景颇民居文化的人。在大家的要求和鼓励下，彭明把他沉甸甸的积累成果形诸图文，奉献给大家。

毛勒端

2013年1月

目 录

景颇族民居建筑概述

民居建筑不仅是人们日常居住生活的场所，也是民族历史文化的一种载体，景颇族的传统民居建筑就体现了景颇族文化的丰富内涵，是景颇族文化的重要组成部分。民族的创造性是非常伟大的，由于景颇族人民长期生活在山区，习惯了适宜山地生活的刀耕火种的耕作模式，但这种耕作模式及民族自身发展的需要又使景颇族处在不断的迁徙过程中，所以景颇族人民在历史的长河中不断摸索，创造出了适应山地居住条件的特有建筑——"干栏式"竹木结构矮脚楼。这种民居建筑材料极易获得，而且搭建也不困难，虽然每隔6~8年就要重建，不过，这种建筑既可抵御虫蛇野兽的侵害，又可防潮防湿避洪灾，由于材料和结构的原因，还利于通风散热，非常适应山地生活的需要，更重要的是它融入了景颇族自己特有的建筑理念。

下面，我们就从宅基、外观、建筑结构、内部构造、文化内涵、身份与住房、建造程序等几个方面来初步的认识一下独特的景颇族民居。

一、宅基：宅基一般选在山梁两边较缓的坡地上，顺大梁看风水，大梁倚山肩而安，顺大梁进家门。

二、外观：景颇民居是造型独特的矮脚竹楼，房屋整体呈倒梯形、长脊梁、长屋檐，脊梁上横插着1米左右的数百棵整齐的圆竹签，脊梁两边用3根圆竹条扭编在竹签上，脊梁两头用竹材或木材开两个眼洞做枕以穿剩余的竹条，部分在前面的梁枕上面交叉着插有刀剑，门廊和楼下部份用圆竹做墙，楼上用竹笆编成花纹做墙，以茅草为顶。

三、建筑结构：结构采用三角A字稳固屋面，屋顶为二面坡，利于雨水快速下泻和增加散热面。建筑材料是木、竹、草，木材用于左右中柱、梁、"繁衍梁"、"夺柙"（顶楼桩）、"稿仁"（枕木）、"档板"（水平木）、椽；竹材用于圆竹墙、"佤丈"（水平竹）、"册"（竹板）、竹笆墙、竹片、竹椽、竹门板、杦筋（锁梁）、背足（竹签）、竹篾；草为茅草，用于屋面。

柱子　形似鱼故称鱼形柱，其形头朝下尾朝上，每棵柱子大约栽进土中60公分左右，柱子因中柱高左右柱矮，所以形成两面坡；住房的中柱和左右柱不在一条线上，中柱朝前的往前错位，靠后的往后错位。

梁　有承重梁和目靠（附梁），承重梁是圆形木质，梁在柱头开凹口纵向架通，目靠（附梁）是圆竹背在两个斜面的中间和屋檐的椽里起到筑牢斜面的作用，目靠每个斜面背四棵，中梁和左右梁之间均匀背两棵7~8公分的目靠，左右梁下屋檐背两棵4~5公分的目靠，梁的根部朝前梢部朝后，整个房纵向承重。

椽　多数为竹木混用，在根脚处开挂钩三角口和小耳洞，椽根部挂口朝上搭在中梁上，左右两棵一组钩在圆竹条上，在梁上方椽根部形成的叉口上背一棵"孔补"（竹附梁），梢搭在左右梁上，椽伸过左右梁并各遮一半墙，利于遮风挡雨，椽上横放竹片，竹片上铺茅草为面。

杦筋（锁梁）　每隔中柱中间的两斜面附梁之间横跨一棵大圆竹支撑斜面，使杦筋和椽形成三角形稳固屋面，房宽的两斜面附梁与中柱之间还架一棵鱼翅斜顶杆承重加固。

楼板　高1~1.5米左右，因地基为防积水有坡度，所以需要用楼板找水平，形成靠山一方矮、朝阳一方高的楼层，楼板由两层木两层竹构成，底层中柱两边和左右柱靠里的一方顺梁各放一棵"稿仁"（枕木），中柱和左右柱之间每隔2米左右放一棵稿仁（枕木），稿仁下面隔1.6米左右栽一棵"夺柙"支撑"稿仁"，"稿仁"上面每隔60公分左右横放一棵"档板"（水平木），"档板"上面每隔 20 公分左右顺放一棵"佤丈"（水平竹），"佤丈"上面横铺竹板。

墙　落地圆竹墙，每隔2米左右钉一棵竹笆桩，在圆竹打洞穿上竹笆桩垒起形成墙，楼上的篱笆墙是按尺寸编制好后固定到所需位置，墙及楼板上缝隙多，可以通风透光，达到了使室内阴凉采光的效果。

火塘　在楼板靠外墙 60~80 公分开1米左右的正方形口，截断"佤丈"、"档板"，"稿仁"（枕木）下面横放两棵枕木，每棵枕木下面栽两根顶楼桩支撑，枕木上铺一层厚竹板，竹板上铺一层新鲜芭蕉秆片或过山龙叶隔热，四周用木板挡土并放泥土打实至 30 公分左右做成火塘。

门　用圆竹按照门的大小比例下料后上中下穿三棵竹片桩垒起做门板。

景颇民居房架结构的所有衔接都用竹篾捆扎，不用铁丝、钉子，这种民居结构精巧，施工方便，风格古朴、粗犷，与亚热带的山野丛林环境甚为融合。

四、内部构造：屋里分为门廊和楼房两段。

门廊　分前廊后廊，前廊朝阳一边放置杵臼和脚碓做春米房，靠山一方定织布架，农闲时节或劳作之余妇女在此春米织布，前廊与后廊用一圆竹墙隔断，中线靠山一方开2米左右的门做过道，门左右靠墙栽方形门栏柱，栏柱凿通 4 个方形洞穿横杆栏关牛马，后廊主要用于夜间关牛马以防盗贼和野兽侵害。

楼房　从靠山一方的中柱旁登上独木楼梯①到走廊，走廊设在朝阳一半的前端，宽 1.2 米左右，中柱线的走廊角开拐角门，屋内以屋脊为界隔成两半，人和神各占一半（朝阳一半为人居，靠山一半为神居），属于神的一半过道紧靠中柱墙直通后门，属于人的一半厨房以上有过道也紧靠中柱墙通后门。楼内靠后的一端为上，靠前一端为下，朝阳一半作为主人家的卧室和厨房，厨房一间，大多数开一扇落地窗，窗外建一阳台，便于出去洗菜和晾晒谷子；卧室有门无窗布置在厨房上下，从卧室的布置就可以知道住着几代人以及和睦程度，

①楼梯，可以看出住着几代人，两代同堂两棵、三代同堂四棵、四代同堂六棵，这是因为结婚新娘过草桥时用一棵新木梯，新娘上楼也用一棵新木梯，所以形成了一对成家一对木梯；

厨房上方有一间有火塘的卧室，厨房下方不设卧室就两代同堂房；厨房以下有卧室就是三代同堂房，有几间就有几个儿子成家，卧室多说明这家人团结和睦；厨房以上，厨房边有无火塘的卧室就有少女；有火塘的两间卧室就是四代同堂房；三代以上的同堂房，有孙的住厨房以上，无孙的住厨房以下。而属于神的一半从上到下设主神位、客堂火塘、烧猪食火塘、水桶架、老女儿卧室、粮囤间。客堂里接待男客住宿，家里面未成家的男孩也可以在此住宿，客堂火塘和烧猪食火塘中间外墙开一扇落地窗；属于神的一半根据家里祭供神的情况从上到下设有多个神位，除主神位外其它神位祭供时设祭台，平时将灵筒①用竹篾捆在椽上；楼下夜间关猪鸡防野兽侵害。

五、文化内涵及标识：景颇族传统民居建筑讲究对称和配对，如中柱前后对称、左右柱对称、楼房上四层（梁、椽、竹笆片、茅草）下四层（"稿仁"、"档板"、"佤丈"、竹板）对称，目靠上下对称左右配对，梁柱配对、左右椽配对等。

门厅或门廊是建筑文化的交汇点，当地就有俗语说"汉人的门厅，景颇人的门廊"，所以汉人房子的正面变成了景颇人房子的侧面，景颇人房子的正面又变成了汉人房子的侧面。景颇民居建筑的门廊展现了它独特的文化，一是鱼形柱：修柱词里就讲到："看鱼的形状修柱"，柱子修成根圆头圆角矩形，形似鱼，柱子 1/4 以下是圆的，且根脚与正圆小 2~3 cm 左右，1/4 以上逐渐修成圆角矩形，柱子分大柱(中柱)小柱(左右柱)，大柱中有"和谐柱"、"尊柱"、"领柱"、"通天报喜柱"（Ngaugumzing）、"牵福柱"（isutzing），小柱中有"立木柱"（Doqgangzing）、"立木报喜柱"；二是立柱时有"和谐领尊"分割线，中柱左右柱不在一条线，立柱时把楼部分靠"繁衍梁"的第一排柱子作为"和谐领尊"分割线，—中柱和左右柱前后左右定在一条线上，有"父子婆媳和谐相处之意"（Mvoi e zo wui, dueq mvoi wui），其它中柱朝前的从"繁衍梁"开始定领位，有"长者带好路，男子走朝前"之意（Momvoq zo

① 灵筒，是竹子做的神灵的居所，祭祀时请出清洗装水的竹筒。

chang，Waq-ngan wungang yap），朝后的定尊位有"长者在上，事事有人教授之意"（Paumang zhvung ma zung， labau mvomyi qangsang amyit）；三是有"繁衍梁"，门廊与楼板的交汇处有一棵刻有乳房图案的木梁叫"繁衍梁"，"繁衍梁"的中柱叫"通天报喜柱"，朝阳的小柱叫"立木报喜柱"，生育男孩时把胎盘埋在中柱根脚以报天繁衍，生育女孩时把胎盘埋在立木报喜柱的根脚以报天繁衍，"繁衍梁"也是门廊和楼板以及上下层的分界线；四是开拐角门聚财避风，前门从门廊上楼梯进门有拐角，别说屋外甚至在门廊也看不到屋里，屋里也看不到屋外，楼梯与拐角门的角度有180°，认为这样才可以避风聚财，否则就会因跑风而漏财；五是屋顶屋檐做"护魂千足"蜈蚣脚，当茅草盖好主梁后用数根 1 米左右的竹签从附梁下穿过做成"护魂千足"蜈蚣脚，脊梁两边用 3 根圆竹条扭编在竹签上固定竹签和茅草，脊梁两头用竹或木开两个洞做枕以穿编余的竹条，部分在前面的梁枕上面左右开洞交叉插有刀剑辟邪；两侧屋檐底部在目靠与竹片形成的夹洞插茅草根做"护魂千足"蜈蚣脚，屋内住两代的做一层，住三代以上的做两层，最前一棵大柱上挂水牛头招财接福。

六、身份与住房 景颇民居大致可分为独男独女房、平民房、贵族房三大类。

独男独女房与平民房的区别在于独男独女房没有"繁衍梁"、走廊，"通天柱"改叫走廊柱，开直通门，踩楼一层木两层竹，不放"稿仁"（枕木），不开拐角门，如果独男独女房开拐角门就会变成闲言碎语之门了。

而贵族房与平民房的区别主要体现在以下几方面：最前 一棵大柱（领柱）叫"旺盛柱"（doqpumzing）[①]，没有后廊；楼里属于神的那一半的水桶架下有"目代"神室，目代室设有火塘，火塘上面 1.6 米左右有祭坛，外墙有落地窗叫神门，祭"目代"神时祭品及祭祀所用的物品仅能从神门递出递进，其他门送来的目代神不接，严禁人进出；中柱与两屋斜面目靠各架两棵鱼翅斜顶杆，"旺盛柱"前两斜面上附梁之间横跨一棵木制方锁梁叫"目散"（天梁），"目散"下挂"卯叮嘱"（神铃）以报天祈平安，挂蜂饼招凝聚兴旺，两斜面前端内用茅草编成千足蜈蚣顺椽架在上面叫"背倪"②（护魂千足板）护魂，出头梁上雕刻虎头辟邪，旺盛柱上方用象牙装饰以招财接福，所以景颇族建房词说："民房看牛形盖，官房看象形盖"；铺设茅草屋面的方法不同，平民房根据自己的能力用"载夹"（散草）、"载刊"（草捆）两种方法铺设，而贵族房则依据自己的权势用"载刊"（草捆）、"背扎"（千足）、"背倪"（千足板）三种方法铺设。

七、建房程序

建房通常要经过以下几个程序：

（一）选宅基。景颇族村寨以"拢尚"（村寨进行祭祀活动的圣地）为单位，有的看似一寨但也许其实是两寨，而有的看似几寨也许就只是一寨，村寨一般建在土地肥沃靠水源便于出行耕作的山坡或山脊上，道路依山就势，房屋灵活布置，房与房间距较大。寨里的"拢尚"一般选址建在岔路交叉路口多、许多山脉的起始点的分水岭旁边。有祖训："选基不过寨桩，做家不骑山

---

①旺盛柱，选旺盛柱除选柱条件外还要取树皮打卦选取，运旺盛柱是备料过程中最隆重的一件事，也是本寨一次盛大热闹的活动。旺盛柱是不论大小都只能拖拉而不允许抬的一棵柱子，官家拖旺盛柱回家过山请山神放行，过水请水神放行，所以有"一山一南稳篮（官小姐背的礼篮），一洼一南稳篮"，才能把旺盛柱请回家的说法。当拖拉旺盛柱的男人们拖到山顶时就会说："官家啊，不是我们不出力，是山神不放行，山神要南稳篮"，而吃完南稳篮的酒肉鸡蛋糯米后拖到洼底又会说："官家啊，不是我们不出力，是水神不放行，水神要南稳篮"，这样给官小姐们奔波在背南稳篮的路上，一背篮接一背篮的送，虽说辛苦，但也最能展现官家小姐的全面素质，因此，其他官种的小伙在来帮拖旺盛柱的同时，也是来看看官家小姐是否勤脚快手、聪明伶俐。

②背倪，是素温（即村中主事者）以上的专用，等级不同的编法也不尽相同。编背倪是建房中一个隆重的程序，编背倪和上背倪须选吉日且在同一天举行，编时全寨男女老少齐参加，上背倪时要鸣炮，山官或寨主做背倪的那一天限制本寨人外出，防魂不归家。背倪在建房中是与立木、运旺盛柱一样显重要的。据传：人魔共同生活的时代，魔鬼追逐着拼命逃跑的人想吃了他，人跑着跑着遇见了千足蜈蚣，于是就躲到了它的脚里，魔鬼追到后跟千足蜈蚣要人，千足蜈蚣说不要急你先数我的脚，数完就给你吃，魔鬼数着数着只要千足蜈蚣一动脚就又得重新数了，这样数了三天三夜还是数不清，最后魔鬼只好服输而无奈地走了，人的命也就保住了。从此，人们为了感谢千足蜈蚣在建房时就编制千足蜈蚣放在房前、屋檐、屋顶以护魂灵。

脊梁"，所以宅居地多选在寨内或紧靠寨子适宜于建房的空地上，不够宽的则还要削坡砌坪。预选好宅基后就预测是否适合自家居住，通常用三种预测方法：一是梦测，从预选好的宅基地上拿一把土回家放在枕头下，以夜晚所做的梦来进行预测，梦见出水、草木旺盛等为佳，梦见滑坡、草木枯断等为不宜；二是神测，砍一棵有自己一庹（即张开双臂后，左手指尖至右手指尖的长度）长的树枝，蹲坐在预选好的宅基地中央，右手拿树枝高声吟诵选居诵词后，往前后左右的地面上各敲击一棒，然后用自己的庹来丈量树枝，长者佳，短则不宜。此外，还用薄竹、卦草、时辰牌等打卦预测的方法；三是埋物测法，在预选好的宅基地上挖深 10 cm，长 20 cm的土槽，用一节薄竹破成两半，一半放在挖好的土槽里排列米或金银，另一片盖上用土埋好，过6天拿出来看，米或金银在薄竹里不动则佳，动则不宜，或者将白酒饭用叶子包好后埋在地里，过6天拿出来尝，甜则佳，苦辣则不宜等。

（二）准备建筑材料。10~11月份开始采伐、运输竹木等建筑材料。备竹料，把野外的竹子集中到宅基地旁加工成竹板、竹笆、竹片、竹篾、"佤丈"（水平竹）、圆竹晒干备用；备木料，选取结果子、无枯枝、无藤蔓缠绕的树做柱子和"繁衍梁"，柱子和"繁衍梁"、"档板"（水平木）、"稿仁"（枕木）、"夺柈"（顶楼桩）都在野外修好晒干后方才搬回去；备茅草，12月份割草，茅草在外割好晒干后集中到宅基地旁。

（三）立木（"夺刚增"）。待材料备齐晒干集中好后，公历1~4月份选取吉日栽立木柱，时辰通常选农历初一至十五的上午，请年老的长者或主人栽立木柱。若遇当月有月食、日食或寨里发生了非正常死亡事故就认为是残月，要将木柱拔出待下月重新栽立；此外，勒干、木果（即长子、长女）忌农历1月立木、勒弄、木鲁（即次子、次女）忌农历2月立木，以此类推。立木柱是建房时找水平、直角、平行线的固定点，是动土的标杆，定立木柱后，便可开始削坡砌坪修整地基。

（四）踩楼。建房时先建楼板部分的基础，立柱先立左右柱后立中柱，中柱先立"和谐柱"，然后从下到上立"尊柱"。柱子立好后，开始架楼板，因地基为防积水而有坡度，用楼板找水平，因此架楼板是一项技术活，要请有经验的人来定楼板线；定好线后，用圆竹沿楼四周打墙，靠门廊一侧隔出一小阁做鸡舍，其它的做猪舍，鸡舍门从门廊开，猪舍门从门廊或侧面开。踩楼板形成靠山一方矮朝阳一方高的楼板，楼高一般 1~1.5 米，楼板有两层木两层竹，分别是："稿仁"（枕木）、"档板"（水平木）、"佤丈"（水平竹）、"册"（竹板）。"稿仁"下每隔 1.6 米左右栽一棵"夺柙"(顶楼桩)支撑"稿仁"，"稿仁"上隔 60 公分左右横放一棵"档板"（水平木），"档板"上面隔 20 公分左右顺放一棵"佤丈"（水平竹），"佤丈"上面横铺竹板；踩好楼板后，就到上"繁衍梁"、栽门廊部分的"通天报喜柱"、"牵福柱"、"领柱"和左右柱了，而后开始修梁架椽，梁过柱一庹长（约1.5~1.6米），椽过梁遮半截墙可以遮风挡雨。造好大体框架后就到编制竹笆墙围竹楼、围隔墙以及打圆竹墙围门廊和开门开窗的工序了。此外，中柱向两斜面附中梁架设鱼翅斜顶杆"椤栏"以起到承重加固的作用，两中柱间各横架一棵竹横杆锁梁"勇筋"（yvumjing）架到两屋斜面附梁支撑斜面，使锁梁和椽形成三角稳固屋面，前门开拐角门来聚财避风，从门廊上楼进门有拐角，楼梯与拐角门有180°。

（五）背萌、孔抛抛（修边、盖主梁）。盖茅草时房顶前后先编盖一圈茅草修边，而后才从两侧屋檐底部开始做"护魂千足"蜈蚣脚，屋内住两代的做一层脚，住三代以上的做两层脚。盖茅草屋面的方法有四种："载夹"（铺草）、"载刊"（草捆）、"背扎"（插千足）、"背倪"（编千足），大家会根据自己的能力和权势选其中一种，茅草盖到主梁边后就开始盖屋顶（"孔抛抛"），盖主梁要用最好最长的茅草，先顺梁垫一层茅草，然后横着梁用竹笆片在左右两侧以每侧两根之序编盖茅草，而后用竹篾固定到梁上，最后要在脊梁上横插 1 米左右的数百棵整齐的圆竹签，脊梁两边均用 3 根圆竹条扭编在竹签上固定竹签，脊梁两头用竹或木开两个眼洞做枕穿编余的竹条，在前梁枕上面交叉插上刀剑辟邪，后用茅草编两条尾巴穿过梁枕，就形成了"护魂千足"蜈蚣。

（六）进新房。选吉日吉时进新房，进新房和盖茅草一般在同一天进行，这一天全寨人聚集相助，齐心协力把新房盖起来，亲戚朋友带着礼品前来庆贺。进新房仪式有取新火、挑选首入房者和入厨者三个程序。取新火，进新房的火种必须是新火，否则认为不吉利，取新火通常用摩擦方法取火种，取好火后把火种递给首入房者（首入房者和首入厨者很重要，人们认为选好了会为新家带进瑞气），首进房人把火种抬到厨房将火塘烧旺，首入厨者就架起三角架和饭锅开始煮饭，火烧旺后火种又被分到主人火塘、堂屋火塘点燃，而后请"董萨"、"抢状"（专司祭祀仪式者）祭祀，请家神回房人魂回家，祭"帕知（知识）目荣"和"共劳目荣"以求平安。

八、建议

景颇族传统民居建筑文化内涵丰富，需要保留的结构和文化符号也很多，可以说是民族历史文化的一个活化石，理应得到很好的保护和发掘，但随着经济的飞速发展，社会在日新月异的发展和变化中，各式现代民居建筑以美观、坚固、简洁、明亮等特点，对代表景颇族建筑特点的景颇族传统民居带来了猛烈的冲击，也形成了严峻的挑战。

如何在适应时代的同时又能在景颇民居建筑中更多的保留景颇族文化元素，这是一个值得大家认真研究的问题，虽然各级政府和城建、旅游等相关部门和一些个人也做了不少尝试，但由于对景颇民居相关资料的收集、整理和发掘不够全面，或是受建筑材料的限制，使得设计和展示出来的民居建筑，要么建房成本过高，要么失去了景颇民居建筑的特有光彩，致使群众认可度低，要么实用性低，往往都难以得到很好的推广。特别是目前景颇族传统民居建筑还没有一个统一的标准，形成了一个地区一个标准，因此，目前更需要的是收集整理相关资料，制定一个基本统一的标准。

对此，经过陇川县景颇族发展进步研究学会长期的研究和集体协商，建议保留以下几种特色结构和文化符号：

一是外观：整体呈倒梯形，长屋檐，脊梁上有背足（千足签），脊梁两头有背桥（梁枕），前梁枕上面交叉插刀剑；二是顺大梁进家，展现门廊文化；三是鱼形柱和鱼翅斜顶杆；四是立柱有领位尊位；五是正面有"目散"和"繁衍梁"，"繁衍梁"做正面上下层的分界线，多层建筑一层"繁衍梁"，顶层"目散"，其他放织锦文符号；六是屋两侧上下层的分界线显露出楼板和档板，楼板和档板的间距10 cm，屋后上下层的分界线显露出"稿仁"（枕木）、"伍丈"（水平竹）、楼板，"稿仁"和"伍丈"的间距12 cm；七是出头梁雕刻虎头；八是屋檐用"护魂千足"蜈蚣脚做内风沿板；九是开拐角门，保留伍夺，把伍夺和客厅分开设置。

建筑控制参数：1. 房顶角控制在86°~106°，梯形内角78度；2. 门廊长最少控制在房宽的一半；3. 侧面门厅宽最少控制在房宽的一半，门厅长最少控制在门厅宽的一半；4. 滴水控制在0.8~1.2米；5. 繁衍梁宽控制在房宽的7%左右，繁衍梁距地30 cm以上，繁衍梁超出楼板5 cm~10 cm。

CHYURUM WUNPONG MYU SHA GAP GALO RONG AI NTA

（景颇文）

Da-rat nta go tutnong e masha nga shanu ai shara re, dai rai labau lahtik hkan ai ninghkong bo mi. Chyurum wunpong sha ni gap galo ai htunghking nta, shadan ai hparat ninghkong mung nachying hkumzup nga ai, dai hte maren anhte a hparat ninghkong hta na ahkyak ai myu mi rai nga mali ai. Mu a hpan shalat lam go nachying hkinghkam nga, chyurum wunpong sha ni prat shanat bumga e nga shanu nna yi hkyen sha man mat, raiyang prasa hkrunlam galu gaba wa ra ai majo, tut e n-go htot ai labau hta myit sumrum nhtom bumga hte htaphtuk ai lak mi hku, hpun kawa hte ntso ai---"kum mai ntsa nta"galo rong. Ndai zon re nta ngau la loi, gap galo gade n-yak, machya zon 6~8 ning hta lang mi bai gap ra tim, dusat hpe lu machya, bam madi na nloi, hka hpunto hpe bai yen kau lu, ngau hte nta hkrang a majo, nbung nsa hkrang tsom, sa-ut ngu ai nnga, bumga hte grai htaphtuk, ahkyak ai go anhte madu gap galo ai hpaji myitmang bo mi hku tai lu.

Lawu de htingra, ntsalam hku yu, gap galo hkrang, nhku gat

ana hkrihkro, sungchyung hparat ninghkong, aya hte nta, gap galo ai shonghpang abo abo di nna shachyen mat wa na.

1. Htingra: Htingra yu yang gade nde loi cyonchyon re bum mayan hpe hkan nhtom, wundan pru nan re kong gahpa hta htingra masat ma ai, nta numgo hkan nna nhku shang.

2. Ntsalam hku yu: Chyurum wunpong sha ni a da-rat nta go ntso ai, galo hkrang lakmi hku re ai ntsa kawa nta rai nna, numgo ntsa lakang nhtang ai zon galo mara don, nchyun hte numgo galu galang rai, numgo ntsa dokrang nda de tuptup rara di shon don, gade nde share hkat masum hte hkri manai shangang, numgo matu kawa shin gnrai hpun, ahku wo nhtom hka makau galo bang, chyan galu ai hte ko nhtu hte rapding ri ginchyai don, npan hte nta gata hta kawa hte kum gayin, shakum go kawa chyinghkyen hpe maka hkrida nna hpai kum, ntsa e shangu galup.

3. Gap galo hkrihkro: "A"zon re hkrihkro hte numgo shangang, nta ntsa gade nde chyonchyon di don, shaloi she marang hkrat loi, gahtet salu hkoi lawan. Nta angau go hpun, kawa, shangu. nta hta hpun lang hkra ai go: Numgo to, sharem to, ngaugum, dosha, ngauring, dangbat, lapa; kawa lang hkra ai go: Gumhtung, ngaushan(wu-lu), chyinghkyen, shakum, share, lapa, nhka, htinggan, dokrang, pali.

4. Shato: Shato hpe nga hkum zon di hprang, nga nmai numgo de yong, ngabo potde, dat shato chyun yang potde gungfun 60 daram htulup, shato ga-ang na shatso, sharem to nyem, shaloi she nta gade nde chyonchyon mai rai, ga-ang na shato hte pai hkra na shato yan sha nchyun, ga-ang na shato shongde loi mi ningshun pru wa, hpang de na shato hpang de ningshun shangun.

Numgo: Napnak ai numgo hte ginhtip, numgo go dingding di hprang nna ga-ang yang hka matut nhtom numgo hkan na mara, gindip go grau ngang na matu numgo ntsa na lapa noi ginchyai don ai ntsa hta mara gyit, gindip gata chyende numgo to hte sharem to lapran masen hte makau gyit shangang, sharem to lawu do ngauchyen hte ngauhka gyit shangang, npot hpe shong de, ndung hpe hpang de, shaloi she nta dingdung napnak rai yu ngang.

Lapa: Lo malong go hpun kawa gayau lang, lapa hpe pot de chyinghkyi zon gahtam hka nna numgo e maga mi de langai ngai noi mara, share hkat mi shon na mahkai gyit, numgo ntsa lapa gyit mahkai ginchyai don ai ntsa hta kawa gindip bai gyit mara, lapa hpe gade nde na sharem numgo lai hkra shakra don, shaloi she nhku de marang n-jinghkyen hkra, lapa a ntsa ko share re, share ntsa e shangu galup.

Htingkan: Nta nchye la-yot wa na matu numgo to gade nde masen hta htingkan bang, shaloi lapa hte htingkan jut masum rai grau ngang, dai lawu numgo to hte makau lapran nga singko zon galo la ai dumdan hte bai madi shangang.

Chyinghkyen: Ntsa nta tso de 1~1. 5mida daram, tim hka-ying hkra na hpe machya nna htingra loi htu nhkyeng, chyinghkyen nyep shara ai shaloi mung chyahpung chyen de loi mi shanyem, shachya chyen de loi shatso. Nngau hta hpun lam lahkong bang, kawa lam lahkong bang, gata hta numgo to gade nde hte sharem to gata chyen de ngauring(bunghkum)mara, numgo to hte sharem to lapran 2mida daram hta ngauring langai mara, ngauring gata 1.6mida hta dosha hkatmi ngauring hpe madi, ngauring ntsa gung fun 60 daram hta nda hku dangbat langai mara, dangbat a ntsa gung fun 20 daram e kawa ngaushan(wu-lu)garai, ngaushan a ntsa chyinghkyen nyep.

Shakum: Chyinghkyen ntsa hta gumhtung chyun, 2mida daram gang nna gumhtung langai shadun, gumhtung ko ahku gahtam wo nhtom kawa chyen hte dingkrang shalai, dai hpang shadon da don ai chyinghkyen hpe ngauhkron ko gyit kum, shakum hte chyinghkyen hku awot awat rai na nhku gata myi san tsom, nbung hkrang, shingrai nhku gata myi lagyi pyo.

Wan-mang(daphkun): Wan-mang galo yang dam gaba de dong masum daram, gatae ngaushan, dangbat, ngauring mara, dai a gata hpun bunghkum shong mara bang, dai hpun bunghkum gata e go wanmang hpe madi shangang lu ai hpun bai jung, ntsa hta chyinghkyen nyep, chyinghkyen ntsa langa lap shing nrai sayo lap nyep, aka htu bang na matu grupyin hpunpyen hkopbang kau, jahtum hta gungfun 30 daram htat aka hpai bang jang ngut sai.

Nhka: Wo don ai nhka hpe shong shadon yu nhtom, gahtam do la ai kawa tong ko hku towo, kawa tong ko dokrang masum nda hku shon don, dai hpang kawa chyen hte da jahpring, jahtum hta kawa tong langai mi bai shachyo bang jang nhka tai sai.

Chyurum wunpong myu sha ni a nta hkrihkro, matut matat re matu hta ma hkra go pali hte hkrai gyit shangang, sai-dong/ hpri-na nlang, ndai zon hpaji ai hkrihkro nta, gap galo n-yak, tim jiwoi hkringhtong, wanwan dandan rai rong pyo nsam pru, hpunnam ga na bum maling hte grai htaphtuk.

Nta gata npan hte ntsa nta do lahkong hku masat.

Npan: Npan ngu na ko chyen lahkong hku ga garan, jan htan chyen de mamhtu htum masat, da-lang jung, bungli man ai ten nu-num ni da-da, amam htu; ga-ang hta lam lai na matu madin 2mida daram nam don, lagut hte dusat hpe machya lu na matu, nhka lam shang wa ai pai hkra shakum jau la de hpun hprang la na shakum pat kum, npan a chyen mi de madung go htingkrang bang ai nhka wo nna nga gumra rong.

Ntsa nta: Chyahpung chyen na ga-ang shato makau hku lakang htan na ntsa nta de lung, nhka hkadun ko wa du, nhka hkadun lam go janpru maga de galo, dam de 1.2 mida daram, ga-ang shato lai ai hte nhka gayin hpo, nhku gata chyen nhkong hku numgo hkan na madin kum, masha go janpru chyen de nga, jinat sagya ni go chyahpung chyen de nga, jinat sagya nga ai chyen ga-ang shato de jau na nbang nhka lam de hkren lai, masha nga ai chyen shatdap la-hta ga-ang shato jau na nbang de hkren lai, nhku gata nbang chyen de lahta shatai, ndo chyen de lawu(htingre) shatai, janpru chyen de go nta madu ni a yupgok hte shatdap, shatdap shachya chyen de si-mai tsan gashin, mamlam manu na matu hku-wot nhka hpo, punra ra don; Yupgok hta nhka hpo tim hkarep nbang, shatdap ko na lawu lahta do masat, yupra hpe ndai hku masat yang prat ban gade raprap rara chyomnga lai ai hpe asan sha chye lu nga ai, shatdap lahta do de wanmang ronghkra re yupgok langai don, shatdap lawu do yupgok nnga jang go prat-ban lahkong hku sha re hpe chye lu; La-ma yupgok no nga jang go prat-ban masum no chyom nganga ai, ndai nta hta yupgok lo yang go myit hkrum mangrum ai ni re hpe chye lu; Shatdap a shong makau hta wanmang rong ai yupgok nga ai rai yang shayi numsha no nga; Wanmang lahkong rong ai yupgok rai yang prat-ban mali du hkra nga ai hpe chye lu; Prat-ban masum a la-hta de du hkra nga jang, gashu lu sai ni shatdap a la-hta de mai yup, gashu nlu shi jang shatdap lawu do de yup jinat sagya nga ai chyen nat-ra ko na lawu de masat mat wa: Nat-ra, dodap, washat shadu shara, htingnat, ning-gram dap, mam nka shatun shara, dodap hta la manam sa jang hkap shayup, madu nta na num nla shi ai la-sha ni mung mai yup, dodap hte wa-shat shadu shara lapran hta nhka langai bang, dai ko nhpa poi galo yang shatlit kumhpa nhtang shara shatai; Jinat sagya nga ai chyen de nta madu ni jojau masa hpe yu nna nat-ra masat, gumgun nat lai ai ko na kaga hpe go nat galo ai shaloi she nat-ra galo la, mayu e nathtot hpe lapa hta pali hte gyit shakap don da; Hkan sharo hpe machya lu na matu, u-wa hpe ntsa nta gata hta rong kau.

(1) Prat ban gade nga ai lakang hpe yu jang asan sha chye lu, prat ban lahkong rai jang lakang zum mi, prat ban masum rai jang mali, prat ban mali raijang kru, dai go num nnan la bang wa ai shaloi num nnan lai ai kumba nhpang mahkrai nnan langai sha, num nnan lung ai lakang nnan mung langai sha, dai hte maren akun galo ya yang zummi, lakang mung zum mi; (2) Nathtot, jinat rong ai shara nathtot go kawa gatsing ntum hte do galo la, nat galo ai shaloi woi shapro la, ntum hpe atsom gashin shatsom nhtom ntsin bang.

5. Sungchyung hparat ninghkong

Chyurum wunpong myu sha ni htunghking lahtik nta tsun ai go azum hku hkrai shapung, yu, ga-ang na shato ashong ahpang shapung, sharem to apai ahkra shapung, nta ntsa hta (numgo, lapa, share, shangu) lam mali, gata hta (ngauring, dangbat, ngaushan, chyinghkyen)lam mali, makau lawu lahta apai ahkra shapung, gindip hpe zumhku shapung, lapa hpe paihkra zumhku shapung.

Nhka jarop hte npan go hpaji ninghkong wa shai hkat ai shara, ga malai hta"miwa a nhka jarop, anhte a npan", yu, anhte a man de rai jang miwa a nhkrem de, anhte a nhkrem de rai jang miwa ni a man de, Anhte wunpong myu sha ni npan rong ai hku gap galo ai nta go hpaji ninghkong myu mi hku shadan shapro, langai go nga hkum hkum ai shato:Shato hprang ai ga malai "ngahkum hpe yu nna shato hprang", shato pot de lumlum di hprang, ndung de loi pyetpyet di hprang, nga hkum ro sha rai, shato a 1/4 daram go din, pot de lumlum rai din ai 2~3cm daram, bo de 1/4 daram go pyet, shato gaba gaji ginhka(gaba hpe numgo to nga, gaji hpe sharem to nga), numgo to hta dotau, dohpum, ngaugum matep shato, do hkap nga shamying, sharem to hta shayi sha daido shato hte sharem to nga shamying; Lahkong go shato chyun ai shaloi"ngaugum matep shato"ko na hpaga, numgo to hte sharem to ayan mi hku nchyun, shato chyun ai shaloi ntsa nta ngu na"ngaugum"hte yep rai nambat yan mi chyun ai"ngaugum matep shato"ko na hpaga mat wa, dai ko na nda de numgo hte sharem to ren di chyun, "gawa gasha gamoi ganam raprap rara"chyom nga ngu ai lachyum rong, kaga numgo to go"ngaugum"ko na npot hpang, dai mung "gaba ni, ala ngu ai shong lam woihkom"ngau ai lachyum, jahtum na dotau mung"gaba ni shong de, nhpa mulam raitim sharin shapan ai ni nga ra"ngu ai lachyum; Masum go"ngaugum"masat, npan hte chyinghkyen nyep na matu yang chyu tauba tok shakap hkra nda hku bang shangang don ai hpe"ngaugum"nga shamying, "ngaugum"ga-ang na numgo to hpe"ngaugum matep shato"nga shamying, janpru maga de na sharem to hta shayi sha shangai ai shaloi mayat maya "ngaugum"hpe shana, shato dai hta dailup, la sha shangai nhtoi hta go ngaugum matep shato pot hta dailup nna mayat maya lam"ngaugum"hpe shana, "ngaugum"ko na npan hte nta ntsa hka garan hkat; Mali go ja. sut mahkong lu, nbung ndinghkren rai na matu nhka hpe shingpyi ai hku gayin hpo, shongshang ai nhka go npan ko na nta ntsa lung du ai hte gayin shang, shinggan npan na nhku gata de nmu mada, nhku na shinggan de nmu, lakang hte nhka gayin hpo ai1´80° daram, shaloi she sut mahkong lu nbung ndinghkren, sha nrai yang nbung hkan nna sut hprong mat; Manga go nta numgo nchyun "numla makop wadu yam lago"go, shangu galup kau ai hpang numgo ntsa ginhtip gata hku dokrang shon shalai rai"numla makop wadu yam lago"galo, numgo gade nde share hkat masum hte dokrang ko hkri manai bang nhtom dokrang hte shangu hpe shangang, numgo matu gade nde kawa shing nrai hpun hte hku towo rai hka makau galo nhtom ngam chyan ai share hpe da hkop, no chyan ai shong na numgo hka makau a ntsa e nat jahkrit nhtu hte rapding ri ginchyai don; Nchyun gade nde gata maga na masen hte share matu yang shangu matep shon rai"numla makop wadu yam lago"galo, lama prat ban lahkong rong ai raijang alam mi, prat ban masum raijang lam nhkong, dotau shato ko ngabo noidon na sutgan wundan shapro.

6. **Aya hte nta:** Chyurum wunpong myu sha ni a nta myu masum hku la hpaga ma ai, la shingtai num shingtai nta, darat nta, du magam ni nta.

La shingtai num shingtai sha rong ai nta "ngaugum", hkadun lam nrong, "ngaugum matep shato"hpe hkadun lam shato ngu shamying kau, nhka mung hkren rai hpo, nta ntsa e nyepbang ai hpun alam mi, kawa lam lahkong, "ngauring nbang, gayin ai nhka nmai hpo, lama hpo jang rai nrai ga hkrum sha.

Du magam hte darat nta hpaga ai go: Grau shong na shato gaba hpe"dohpum"nga kau, A; Nbang hkadun lam nbang; Jinat sagya ni chyen de htingnat lawu e"madai"dap bang, madai dap hta wanmang bang, wanmang a ntsa1.6 mida daram re nat punra galo, shakum shinggan hku nhka bang na sagya nhka lam nga shamying, "madai"nat galo ai shaloi nhka lam dai hku rung rai ladon shalai, gaka nhka hku la shang wa ai rung rai hpe madai nat ni nhkap ra la, dairai nseng ai masha nhka dai hku njo shang; Ga-ang numgo to gade nde makau hta anga singko zon galo ai dumdan madi bang, "dohpum"a shong gade nde masen lapran, hpunpyen hte soi ai magam nda bat di galo bang, magam hta garai gasang hpe wunli pru akun wumja wa u ga nga dumseng hte gatshang tsop noi don, nta matu gade nde shangu hte numla makop wadu yam lago hkrida. B. kra pru ai numgo hta nat jahkrit ai ngu sharo bo to-soi bang, dohpum bo ko magui bo, magui kong noi sumli don ai go asut agan jashon ai lachyum; Shangu galup garai ai ladat mung npung ai, darat nta go madu a n-gun atsam hte shangu hpe matep, dumhtan bo lahkong hku galup, du magam ni go, madu a ahko ahkang n-gun hte shangu dumhtan, makai, wadu yam lago hkrida myu masum hku galup.

A. Dohpum, ahpun gaja ai lata, hpunhpyi hpe ko-la nna chyaba wut yu, dohpum nta de garot wa ai go ngau la laman hta ahkyak dik ai mu gaba langai mi re, gahtong ting grai chyom gabu ai nhtoi, dohpum gaji gaba tim sha mai garot nmai hpai, du magam ni dohpum hpe bum ko na nta de garot wa na raiyang, jahtung hpe shong hkungga, hka hkaro lai tim hka-nat hpe shong hkungga, shingrai bum ko garot du jang shatlit mi ra, hka hkaro ko garot du jang shatlit mi ra(du shayi numsha ni gun sawa ai shatlit), dai shaloi she dohpum nta de lu la du wa ai. Dohpum garot ai shaloi bum ko du jang laram ni"du nta ni e, anhte n-gun ndat ai nre, nat jahtung ni njo shalai ma ai, jahtung ni shatlit hpyi ma ai"nga, shatlit chyom hpyasha ma ai hpang hka hkaro ko bai garot du, lahta na zon bai ngu, du shayi numsha shatlit gun kyin ai ja shi, du shayi numsha gunba ai ngu tim du shanhte a tsam marai rong nrong hpe yu shapro lu, gaka du nta la-ram ni dohpum sa garot lom nna, du shayi num yi go kyet lok ai kun nga sa yu ai mung rai nga ai.

B. Shangu hkrida lang ai go myitsu du(mare nhton mu jum wa)ni a matu, aya atsang npung yang shangu hpe hkrida ai ayong ladat mung npung, shangu hkrida ai lam go nta galo yang grai wa ahkyak ai mu langai re, nhtoi yu nna dai shani jang nta ntsa de mara bang, mare na gaji gaba numla yong galo lom, shangu hpe ntsa de shalun mara hkrida na shaloi sanat gap, dai shani hta madu nta ni, mare na ni hpe shinggan de njo pru, prujang numla nta nhkan wa na hpe machya, shangu hkri shalun ai go nta gap yang numgo garot ai hte bosha ahkyak ai, jiwoi ni hkai ai: Nat hte masha raurun nga pra ai prat, lang mi masha hpe nat sha mayu nna shachyut, hprong nga yang wadu yam hpe mu nhtom shi lago gata ko shang lakyum mat, anat shachyut du ai hte wadu yam hpe masha wa hpyi, wadu yam nat hpe"nang hkum tin, nye lago shong hti yu su, hti ma ai hte nang hpe jo sha kau na, nat go wadu yam a lago hti she hti, tim wadu yam lago nao shamu matmat nna, masum ya masum na hti yang mung ndang hti hkro, jahtum e dang hti ai bo nre nga myit la na hkom mat nu ai, masha mying hpe hkyela lu sai. Dai ko na shinggyim masha ni chyechyu dum ai hku nta gap galo jang wadu yam lago hpe numgo e, npan nbang nta gade nde hta numla makop lago galo bang.

7. Nta gap galo shong hpang

Mayu hta lawu na hku hpang galo ai:

(1)Htingra yu. Chyurum wunpong myu sha ni a gahtong go "lumshang" (mare ting nat sagya hpe hkungga ai ginra) a maiwang hta, nkau hta yuyang gahtong mi sha, tim gahtong lahkong byin to, nkau go gahtong lo nan re, tim gahtong mi sha bai rai, gahtong chyun yang ka-sau rong, hka hte mung ni nna mu bungli prushang manu ai kong maron hta lata ma ai, lam go akong mayan hkan, shing-yo yu na nta galo gap, htinggo hte htinggo hkranhkran rai nga. Gahtong a"lumshang"lo malong go mare masha tutnong laishang ai gahtong makau lam labra, bum lasa lo ai makau mayang hta galo ma ai, jiwoi ni matsun ai"mare bandung lai ai hta htingra ntam, kong jon nna nta n-galo hpa", dai majo mare gata makau hkan e she htingra yu, padam de nlo jang htu shara la, tim yi mai nga na shong chyam yu, bo masum hku chyam ma ai: Langai go yupmang hte, yu don ai htingra ko na ka latup mi la wa nhtom bunghkum gata ko hkum na yupmang masam, yupmang hta hka pru, wumja ai hpun mu jang go gaja ai, sharut gyi, pun kawa dotsam re mu jang go nmai ra ai; Lahkong go dinglik, madu a lalam mi re(lalam ai shaloi paihkra ta latsa ko du hkra)re hpun lakying gahtam la, shingrai htingra ga-ang e dung nga nna, hkrata hte hpun lagying galang let htingra tam ai lam hko shaman, dai hpang apai ahkra ka ko galang mi gabat dat, lalam yu yang lama hpun lagying galu pru wa jang go hkrak ai, gadun jang go nmai ra ai. masum go arai lup masam, htingra dai hta nhkun sungde10 limi, galu de20 limi htu, sa-ma laman mi do la nna nhkong brak ga di ga, chyen-mi ko n-gu hte ja gumhpro renren di bang, chyen mi atsom sha bai magap kau, ntsa aka htu magap, kruya du jang sa htu sho yu, n-gu hte ja gumhpro ami na hte ro sha rai jang go gaja ai, shamu yu ai zon rai jang go nmai ra ai. Shing nrai tsapa hpe lahpo hte makai nna lup ton yu, kruya du jang sa yu yang no dui nga jang go hkrak ai, hkuphka mat jang go nmai ra ai, ko na lai ai go, sa-ma, chyaba lap hte chyaba wot yu, ayam pye hte masam di ma ai.

(2)Ngauhkyem. Shata10~11yang hpun kawa ngau la, nta de

la wa, nam na kawa nta htingra du hpai wa nhtom, chyinghkyen, share, pali, ngaushan, lapa ni wa galo jahkro don; hpun angau lata yang asi si, lagying ntsam hkro, numri nlung abai ai Hpun hpe shato hte"ngaugum"shatai, shato hte"ngaugum", "dangbat", "ngauring", "dosha"ni hpe nam ko hprang jahkro gaja nna she nta de hpai wa ma ai; shangu go shata 12 hta dan, hkro jang nta gap na makau ko wa gun gahkyin don.

(3)Dogang. Ngau la jahkro jahkum ai hpang, mungkan shaning shata1~4 hta nhtoi gaja masat rai, mung masha hkruta pro1~15 a jahtot do, sak gaba sai shing nrai madu nta ni dogang jung. Lama dai shata hta jan shata mayu, gahtong e hpa matu nmu ai masha si ai amu pru raijang go shata ntsom ai hku yu, ya na ta hta bai chyun hpang; Ma gam, Ma ko hkruta hpe gam ra nna Ma no, Ma lu go rata hpe bai gam ra, dai hte maren lawu de na ganau gajan ni mung dai hku gam mat wa. Dogang jung ai go nta gap yang htingra jut shading masat hpang ai npot re, htu shamot na bandung, jung gaja don ai hpang htingra mai htu shara sai.

(4)Chyinghkyen nyep. Nta gap yang ntsa nyep na ni hpe shong shachyin ai, paihkra na sharem to chyun na ga-ang na shato bai chyun, ga-ang shato chyun yang"ngaugum matep shato"shong chyun, dai hpang lawu ko na lahta du"dohkap"chyun, shato chyun ma jang, ntsa de ngauring ni bai mara hpang wa, ahka n-ying na hku machya nna htingra hpe chyonchyon di htu, ntsa chyinghkyen nyep jang she shading shara, dai rai ntsa e ngauring ni bang galo lam go hpaji mu nan re, kasi rong ai wa hpe tam na she galo shangun; Shading gaja don ya ai hpang, grupyin gumhtung hte shakum kum, npan de na chyen mi hta yan mi ngam shapro na u-long galo, u-long nhka lam chyen de hpo, ntsa punra ra chyahpung de loi shanyem nna shachya de loi shatso, ntsa punra tso de1~1.5 mida daram, nta punra ra yang ahpun lam lahkong bang, kawa lam lahkong, lawu na dai hku: "ngauring" "dangbat" "ngaushan" "chyinghkyen" "ngauring"a gata1. 6mida daram hta dosha langai chyun(ntsa punra ngauring ni hpe madi), "ngauring" a ntsa gungfen 60 daram hta "dangbat" langai nda hku mara, "dangbat"ntsa gungfen 20 daram hta "ngaushan" langai mara, "ngaushan"a ntsa chyinghkyen nyep; Chyinghkyen nyep ngut jang "ngaugum" hpai mara/npan chyen de na ngaugum matep shato, dohpum, dohkap hte paihkra na sharem to ni hpe chyun, dai ko na numgo gram shajo lapa noi, numgo hpe shato laihkra(lalam mi)shakra, lapa sharem numgo laihkra shakra, shaloi she nbung marang shingga lu. Nta a hkrang galo don lu jang chyinghkyen shakum da kum, gumhtung hte npan nhka shakum mading ni bai galo bang wa, dai ko na numgo to gade nde anga singko zon di galo ai dumdan lapra bang shangang, numgo to lapran gade nde masen ko htinggan madi, htinggan hte lapa "A" zon rai nta grau ngang.

(5) Buimung mung. Nta galup bang wa na shaloi nta makau grupying shangu hpe shong hkop matep, dai hpang nchyun gata chyen lahkong hku"numla magop wadu yam lago"da galo bang, nta hta pratban lahkong chyom nga jang lam mi, pratban masum a lahta de lam lahkong, shangu galup yang ladat mali hku:"galup"(garai), "dumhtan", "matep", "hkrida", madu a n-gun atsam hte maram na galo. Numgo makau du galup jang buimung mung hpang, numgo yang galup ai shangu grau galu ai lang, numgo hkan na shangu lam mi shong nyep, shingrai gade nde share hte shangu matep shangang, de a hpang numgo hta nda hku ara di dokrang tsa su shon don, dokrang gade nde share hkat masum hkri manai

shangang, numgo gade nde hpun shing nrai kawa hte hka makau galo, ahku lahkon towo rai kra nga ai share hpe hkop, npan de na numgo hka makau hta nat jahkrit nhtu rapding ri bang ginchyai don, hpang jahtum e shangu nmai lahkong hkri na hka makau hta shon lai abya don, numla makop wadu yam lago go ndai hku rai sai.

(6) Dingshon shang. Nhtoi hkrak lata na nta dingshon shang, nta dingshon shang ai hte shangu galup ai lani sha galo, dai shani gahtong ting chyom garum nhtom nta nnan galup shakre, makying jinghku ni kumhpa gun na sa hkalum. Dingshon shang lamang hta wan nnan ai la, nta nnan hte shatdap shong shang gabye na masha lata, wan nnan la, nta nnan shang yang la bang wa ai wan npot go nnan ai rai ra ai, nrai yang wunli wundan npru, wan la ladat go garang shachyi, shingrai shong shang gabye ai wa hpe ladon ya(shong shang gabye ai wa grai ahkyak ai, masha lata gaja jang she nta nnan wunli woi bang wa), shong nnan wan hpe shatdap de hpai du nna wut shachyi, shatdap shong shang ai wa wanmang hta ahkra ra, shatdi dun na shat shadu bang wa, wan chyigrung ai hte dodap de wan npot bai garan bang, wan lu wut shachyi jang dumsa hkingjong ni jinat hpe jojau, nta madu ni a numla nta nnan de shaka wa, dai hpang hkamja wunli "ong marong" hte "gumlau marong" hko shaman.

8. Shon lachyin dat ai lam

Chyurum wunpong myu sha ni nta go htunghking lahtik hparat ninghkong nachying hkum ai, nta hkrihkro hte ta mayan hpaji kumla ni hpe dingyang lang mat wa na grai lo ai, nlung zon prai nlu ai myu a labau ninghkong she rai nga ai, shamat kau na htung nnga ai, makop lang shapro mat wa ga, sutgan rotjat wa ai pyen ai zon lawan, hpong shingra rotjat lam mung lani bomi rai laklai, amyumyu pratdep nta tsomhtap, ngang, danto, tu-san ai lai hku gap galo rong, wunpong myu sha htunghking lahtik nta ngu na hpe myityak hkra abro hkra, ganing di yang grin nga lu na hpe shingjong to nga sai.

Hparat ninghkong ndai ni hpe gara hku di jang prat hte htaphtuk, gap galo ai laman hta nshamat kau ai sha grau lo shadan masat don lu, ndai go yong myit sumru ra sai manghkang langai re, shong hkan e atsang shagu na asuya, gokap rungdap, chyaihkom gon rung hte nkau mi madu maram myit ai hku chyam dinglik ai nshau, tim, anhte myu a nta akri hpe mu gahkyin ai malom rai, lajang, la shapro lang nhkum ai majo, hta n-ga gap galo ngau hta dang na rai kun, sing ai pra shapro ai nta manu nau tso, nrai jang gap galo ai nta anhte myu lak mi hku wa tsom ai hkrang npru, shingrai mung shawa ni yu shateng la ai madang nyem, nrai jang nga npyo, dai go anhte myu ni yong hpe myit mu hkra atsom nlu shapra na rai nga ai. Madung go anhte a htunghking lahtik hku gap galo ai nta hpe amyit nlu jahkrum, ndai buga wora buga abo mi hku, dai majo, ya yang ahkyak ai lam go nta malom rai ni hpe la gahkyin lajang nhtom, madung ai shadang bo mi myithkrum da.

Dai hte maren, Nshon htunghking rapdo ni aten nana ko na chyom bongdup, lawu de lak mi re hkrihkro hte lahtik kumla ninghkong hpe nshamat ai lang hkrat wa ga ngu shon dat ga ai:

Langai go ntsa lam hta: Nta numgo ntsa nhtang don ai lakang, galu ai nchyun, numgo ntsa hta dokrang shon, numgo matu gade nde hka makau rong, npan chyen de hka makau hta ri nhtu chyun ginchyai don; Lahkong go numgo hkan na nhku shang, npan a ninghkong hpaji shapro; Masum go ngahkumhkum ai shato hte anga singko zon re dumdan bang; mali go dotau dohkap rong; Manga go magam hte "ngaugum" bang, "ngaugum"ko na nta a lawu lahta hpaga, nta tsang gade gap ting"ngaugum"langai sha bang, tsang jahtum hta"magam"bang, gaka tsang hta go da maka ni soi don; Kru go nta tsang lahkong a shakum matu hta nta lawu lahta tsang hpaga ai chyinghkyen hte dangbat shakra, chyinghkyen hte dangbat 10 limi daram gang, npan nbang lawu lahta "ngauring", "ngaushan"shakra, "ngauring" hte "ngaushan"12 limi daram gang; Sanyit go krapru ai numgo hta sharo bo soi don; Matsat go"nchyun" ko "numla makom"wadu yam"lago galo; Jahku go nhka gayin ai hpo, dodap masat, dodap hte manam woidung dap kaga ga galo.

　　Gap galo lam maram yu:1. Numgo chyon de 86c~106cdaram nlai, numgo ntsa na lakang mago ai78c daram; 2. npan dam de nta a chyen mi daram; 3. Nhkrem de bang ai dodap shinggan npan dam de nta a chyen mi nlai, galu de npan a chyen mi nlai; 4. Ningna hkrat ai1~1.2mida nlai.

译景颇文：岳品荣（Nhkum la）

ZAIZO AMYVU E YVUM RVANG QO

（载瓦文）

Yvum gi byu bve nyi yap qo ma nyi zhiwo bau za a ngvut, byu amyvu e labau laili le le byong toq e qo ribo le, Zaizo wui e tungking yvum sai qo gi Zaizo kumzup laili paqzhi le lvoq toq e qo ngvut le, xi gi Zaizo laili ma aqak mo lalvum ngvut le. Byu amyvu e pantoq zong gi kikkam dik le, Zaizo bve bum ma myo nyi e mizho, bum mau ma zuizo zuishuq zong eq chang lui, bum mau ma zuizo zuishuq zong gi ayang tot nyi wun lui, Zaizo bve gi bum mau eq yo e jamyvum gvut lo e ngvut le. Yvum xizhung rvang ri ze ngau yu lui, xi ri a wui, 6~8 zan ma dum saisai ra dut ngvut gvilvang, lvangmui dungsang yoso dusat bve eq kilaq ra qo ma wo tang le, dveq bam ra qo wo gam dungbyung wuiwum bve ri wo tang le. Ze ngau eq sai lo dong mai lai toq lai wang yo, bumau ma zhaq ge e mizho, Zaizo bve yvum rvang qo bvun cuq ging be.

A-o ma, sai lo qo, laili gvang qo, sai lo qo bve mai diqa e Zaizo bve nyi yvum sai qo le se yu shang.

1. **Yvumgo:** Yvumgo gi gvong ma iqam qo gvut, kungmo ri ge ra dong qu, bum ma goqsan ma wu ge, kungmo chang lui wang lo le.

2. Atoq mai wu: Zaizo yvum gi jam a myvang e jam yvum,yvum gi dvau cuq dvo e zumtang su,yvumjang hing, shutang hing, yvumkung ma sumdung gvo hing e shap lvum gu e wase sho kat gvo cuq yam dvo le, kungpau 2 qam tung ma chap lvum 3 qam eq wa chun ri yup zing dvo le, yvumkung 2 tang ma wa a ngvut zhang siktung ri 2 dong tong lui chap lvum tang tau cang dvo le, lawam gi yvumkun ma kung tang ma sham tungqaq sai dvo, kumzhang eq jam o ma wa lvum eq wam, jam toq ma cepye eq migva gvut woq toq, yvumkung ma zaimau gvut le.

3. Yvumkung: Yvumkung zong gi "A"zong gvut ri lvoq ging le,yvumkung 2 qam tung shon, mau wing zan lawan nye soq byo lawan mu le.Yvum sai e ze ngau gi sik, wa, zai, sik chung e gi kumzing, kung, doqsha, ngauring, dangbat, qang be; Wa chung le gi walvum qam jvam, wazhang, cepye, cewam, chap, wa qang, wa kum, yvumjvin, bvuizu, ne, zai gi yvumkung ma mau e ma chung le.

Kumzing gi ngo shomyi zong gvut mu lui ngo shomyi zinghaq ga le, ngo u ri myi shut shomyi ri mau shut gvut le, zing qi myi ma myvup le gi 2 dung gvo, kumzing gunggung zing myvang 2 yam shut ma gi nyvum le mizho, 2 qam shut gi gamshon dong dut le; Byu lung yvum ma gunggung yan eq 2 qam ma kumzing laqo za a gvut, yvumbvan shut ma gunggung zing gi yvumbvan shut zhau, gantung shut ma gi gantung shut zhau gvut le.

Kung gi kumzing goqsan ma ngve dvo, kungmo o ma 2 qam shut ma qang o ma walvum yang eq migau gvat le gi qang lvoq rva yvum lvaqo jang e ngvut le,migau laqam shut 4lvum gvat le, yvumgoq yvumlang kung toq shut 2kat a-o shut 2kat gvat, awang yvumbvan tung, a-u gantung shut hu le.

Qang gi wa eq sik nyvo chung e myo le, awang ma sumzhut ko eq no dong zan ri, zan ko toq tung gvut lui kungmo ma ngve lui, latung shut chap laqam gvut ngve lvang le, kungmo toq ma qang ging ra midvu walvum eq kungzik gvat le,qang tang gi yvumji yvumgoq tung ma kung ma ngve lui, cewam ladvum lvai toq le gi mau lai gau dvo e ngvut le, qang toq ma chapchap mu, zai eq yvumkung ma mau ngvop le.

Yvumjvin kungmo zing 2zing jiro ma yvumgoq yvumlang yvumkung ma wayang layang ladvui dvo lui, yvumjvin eq sumjvo dong gvut ri qang bve ri lvoq jang dvo le, misan migau ri yvumkung ri lvoq jang e ngvut le.

Jam layap myvang a de bo ma, yvum ma izhvam fang ra mizho, cepye eq gan gvat le, yvumgoq tung lazvui nyvum, yvumji tung lazvui myvang, jam a-o ma doqsha cuq lui ngauring waq, atoq ma dangbat gvat, hau atoq ma wazhang labyvam gvat mu, cepye kang lui chap eq nyap le.

Cewam jamji gu ma walvum datron lui jvam, jam toq gu ma gi hing myvang gejvo gvut woq ge lui jap ging dvo gvut le. Cewam eq jam ma jamdong dong mului ngamngam sansan ga zhaq nyi ngon le.

Myiqom gi yvumgoq yvumlang cewam eq ladung myit jvo e ma tungtang 3dung gvo e myiqom pik le. Wazhang, ngauring, dangbat pyit byvam lui, doqsha 4 kat cuq ri byvi yang 2 kat gvat ri tutu gu e cepye gvat, cepye toq ma ngoqgung jvo mu 4 tung shut ma ladung gvo to e siklong eq dapgop gvut ri mizve bat zhving lui myiqom gvut le.

Kum walvum ri kumdong eq gve mu dong sumdang tong lui waqam eq ron mu woq le.

Zaizo yvum sai ri coq le jo ma gi ne eq zhvat pui le, dvoq qing dvoq zhin ngvu e gi a chung. Xidong gvut e yvum gi sai lui, zhvoi yung, nye mau ma mili isam eq zhaq yvang yo le.

4. Yvumkau sai: Yvum gu gi myigung eq jam 2dvum ngvut le.

Myigung gu ri yvumbvan eq jam 2tung ngvut le, yvumbvan tung ma yvumji qam shut cummo tungjvi dvo ri guqtung zhang gvut, yvumgoq qam woqgan woq zhang gvut ri, mu a jin e u ri myiwe wui woqgan woq gvun le. 2 tung e jvo ma kumzhang eq jvam jvo mu, yvumgoq qam ri gi kum lving wang gvut, yvumji qam ma kup dat ron lui myin ri no myang lvung, xi tung gi myin ri no myang lvung lui kau su wang ra eq yoso ze eq shiza ra e fang e ngvut le.

Jam kummo zing wang mai yvumji qam ma kumdvot zhe zumtang zvam le, kumdvot gi yvumji qam gu ma gvut le, lo pyang gi lalam myit zo, kummo zing ma kumdvot zhvun ma kum goi sai. Yvumkau gu ri kummo zing mai jvo gvut lui 2qam gam mu, byu eq nat laqam qam gvut gam(yvumji shut byu nyi, yvumgoq tung nat nyi), nat nyi gu gi kum wang qo ma gantung kum zhe shoq, byu nyi gu gi zanggai wap mai gunggung qo cewam mai gantung kum zhe shoq. Gantung pyang ri atoq gvut, yvumbvan pyang ri a-o gvut, yvumji qam ma gi yvumsing wui wap eq zanggai wap gvut, zanggai wap ma kihot gvat, kihot he lut ma jamzan dvam lui, zangsun chi guq hai lvap gvut le; Yvupwap ma kum za gvat kihot a tong,wap e myo shau mai yvum byu kamyvo cik eq rapra qo wo wu toq le, zanggai wap e gantung shut myiqom bogu e yvupwap lawap bo, yvumbvan tung yvupwap a bo zhang gi 2cik yvumtu; Yvumbvan tung ma yvupwap bo zhang gi 3cik yvumtu, yvupwap kamyvo wap bo zhang yuqge zo kamyvo yuq ngvut e be, yvupwap zhe myo ri yvumtu kau zhe rapra lvum e be. Byucik 3cik chom nyi e yvumtu, ishu wo be su gi zanggai wap mai gantung tung ma wap ma yvup, shu a wo shi su gi yvumbvan tung yvup le. Nat e qam ngvu e gi yvumgoq qam, hau ma natjap dvo, wapdoq myiqom, waqzang au, myiwe zo yvupzhang, guqdving shangbang bve ngvut le. Wapdoq ma yuqge bing ri yvup nvang, yvum ma myi a hang shi e yuqge zo ri hau ma yvup le. Wapdoq eq waqzang au jiro ma zewam le, yvum ma hai king bo ri xi ma qiloq dvu le. Natjap gi ori o yvum ma zvo e dong mai jam toq jam o gvut sai dvo, nat midung dvodvo e mai guzhung nat ri nat gvau e nyi le bi dvo, miyu ma nat gom② gi qang ma pui dvap dvo le. Jam o ma gi woq waq lvung, jam o ma lvung zhang dusat bve ri a le wo ssizaq.

5. **Laili lazhvum:** Zaizo yvum gvut ri ganwui eq azum qo ma gan zhaq yvang bo le, danggve kungmo zing e byvibyvi zvungzvung ganwui ra, jam toq gu 4 byvam (kung, qang, chap, zai) , jam-o 4 byvam (ngauring, dangdat, wazhang, ce) , migau atoq a-o abyvi azvung ganwui, zing eq kung azum, ji goq qang azum dut le.

Kumdvot eq kumzhin gi yvum sai laili ma gingkaq wo ngvut le, "Myiwa e kumzhin, Zaizo e kumdvot" ga dai le, asu mu Myiwa e yvumkun gi Zaizo yvumlang, Zaizo e yvumkun gi Myiwa e azun pyang dut byuq be. Zaizo tungking yvum ma kum pong gi diqa laili le toq be, lalvum gi ngozo zong, zhiqang ma"Zing shap a dat ngo gung wu"ga ri kumzing ri ngozo zong su byvoq le, zing wang gi lvum, zing pyo gi byven. Kumzing gvo (kungmmo zing) dviq (ji goq zing), kungmo zing ma rapra zing miyat zing, ngaugum zing, isut zing ngvu e bo, zing zo ma doqgang zing ngvu e bve bo le; Ilvum ngvut zhang zing cuq ri rapra zing ngvu e jvo gvat le, kung mo zing eq ji goq zing dingding za a gvut, zing cuq ri "miyat" zing ri rapra zing jvo gvut ri, kungmo zing eq ji goq zing layan za gvut le gi "mo eq zo wui, du eq mvoi wui"ga e lazhvum, gadvu kungmo zing hi ma gi miyat kung ma hi lo, "Momvo zo chang, Waqngan wun gang yap"ga e lazhvum, tang ma gvat le gi "Paumang zhvung ma zung, labau mvomyi qangsang amyit"ga e lazhvum; Sumlvum gi ngaugum, kumdvot eq kum hau zhin ma naubau lvo dvap le, ngaugum yan ma e kungmo zing ri gi "通天报喜柱" ga le, yvumji zing ri gi"立木报喜柱"ga，yuqge zo ku zhang choq kungmo zing hau ma myvup lui, kungcoq su ngvu e lazhvum ngvut le, myiwe zo ku ri gi yvumji zing ma myvup le, ngaugum gi kumdvot eq kum yvumgung eq yvumbvan e jvo ngvut le; Myilvum gi kumgoi gvat ri a ge asoq ri zhang byvam le,yvumbvan kum gi kumdvot qam mai zumtang doq lui kumgoi wang, yvumbvan mai za a ngvut kumdvot mai lvang yvumkau ma a myang, yvumkau mai ri yvumbvan ma a myang rot. Zumtang eq kumgoi tunggoi yvang ngvut le, hau zhang sheq akung asoq wo zhang, isut ize wo kong le, a ngvut zhang lai eq sutze hai ri dat mut dvang byvam le ga; Ngolvum gi yvumkung ma sibyo migum le qam qi, yvumkung ma kungpau ban pau tang ma kungmo atoq ma wase 3dung gvo hing e chun mu tungtang qoi tau rot lui sibyo migum qam qi gvut le, yvumkung ma 2qam ma chapse 3kat ri shap lvum lui nik yup e ma zuchun eq tau rot, lawam gi kungziko ma tau byvam gvut lui nat lvom chun lvom gvut le; Shutang 2qam ma magau yam ma chapse ma zaizhvap zhvap lui sibyo migum qam qi gvut le, byu 2cik nyi yvum ma gi labyvam gvat, 3cik atoq gu ngvut zhang gi 2byvam gvut le; Yvumbvan ma zhe hi ma kungmo zing ma noqui lvang lui sutgan qui yu le.

6. Igvun eq yvum: Zaizo tungking yvum gi chuimo chipau yvum,

Zumtang mai byu kamyvo cik nyi e wu se le, 2cik2kat 3cik 4kat, 4cik6kat,hau gi myihang e nyi myisik pung lai e kum zamsik lakat byvoq lui, pungbang mai lvai mu, zumtang zumtang gvutyu zvam laui lazum bo e ngvut le.

lata yvum, zau yvum 3myvu gvut gam le.

Chuimo chipau yvum eq lata yvum gingkaq le gi ngaugum gvat a gvat, kumdvot bo a bo, kumgoi kum nyang bve ngvut le, ngauring a gvat, kumgoi a bo e gi chuimo chipau yvum, chuimo chipau yvum ma kumgoi gvat zhang yvumkau ma byu haq lvung ri ga su eq lumu le.

Zau wui yvum eq lata yvum e ging kaq wo gi: Yvumbvan ma sanghi zing mo gi doqpum zing; Yantung doqzan a bo; Yvumgoq qam ma shangbang wang nam ma midai wap sai, midai wap ma myiqom pik, miqom atoq gantung kam tung ma natjap dvo, yvumgoq qam ma nat kum tong lui, midai nat gvau zhang kum xi mai toq wang le, miyu ri kum xi mai a ge toq wang wun; Kungmo zing eq yvumkung 2qam shut ma migau ma ngo zu ngvu e tiluq 2lvum lvum gvat, "旺盛柱"hi ma 2qam ma misan gvat, misan o ma "卯叮嘱"maudving zhvu lvang wunli so dung, byolong lvang lui ring ra so qui, 2qam tung zai zhvap zhvap ri qam qi sai, qang tang chang ri bvuinik nik mu byo migum, kung tang ma lomo lvo soi dvap ri akung asoq dang, 旺盛柱 ma cang zui eq isut igan kam le, asu mu "lata yvum gi no gung eq gvut, zau yvum gi apau eq gvut"ga le; Zaimau e gan ri a de qum, lata yvum gi yvumsing qum-o mai zaija mau, zaikan mau 2zhung gvut mau, zau wui gi yvumsing e shinggvang mai zaikan mau, bvuizhvap, bvuinik 3zhung gvut mau le.

7. Yvumgvut loqzo: Yvumgvut e azo gi xi dong:

(1) Yvumgo ho. Zaizo wa gi lumshang mai wa gam le, lawo wo ma lawa za kai ngvu zhang 2wa kat dut le, lawo wo ma dum ngvut zhang 2~3wakai ngvu zhang lawa za dut mu ra, wa cuq ri maumyi ge howa ngai, wui ge zuizo yo e gvong ka ma cuq le, qo gi gvong chang kung chang, yvum gi yo e dong sai, yvumjvo jai jvan lvum le. Lumshang gi

wayam qogvang, gvong zhvung ka myo gvut le. Myvipo sang qang ga ri: "Yvumgo ho ri pundung ki lai, yvumgvut ri wing ki zhi"ga, asu mu yvumgo ho ri wakau ma maumyi yo e zhiwo ma ho lui, yvumgo a luq zhang wing byvoq kong nvang gvut le. Yvumgo wu ge e mai ge nyi a ge nyi ra 3zhung gvut pyit le: Lazhung gi yvupmoq moq, wu ge dvo e maumyi ma myizve yu chung lui ukuq o ma lo dvo lui yupmoq moq wu, wuitoq myang, mvan se e myang zhang ge le ga, myibyoq byoq, sikgvoq hai jui e myang zhang gi a ge ga; Izhung gi gve wu, lalam bo e sikzo pyit lui, wu ge dvo e yvumgo gunggung ma ngvung dvo mu, loqyo loq gi sikyang waq dvo ri yvumgo ho qang dvon mu, loqbvai loqyo, hihi tangtang gvut tungtang bat mu sikyang dum lam wu, sikyang hing zhang ge, dvot zhang gi a ge. Hau mai lai lui bibvuq, pishe eq pyit, yam wu oi gvut le; Sumzhung gi azing myvup, wa labun ri 2qam koq lui chin a ngvut zhang ngun gvat lui myvup dvo, 6 nyi ma bvau wu ri chin a ngvut zhang ngun a dui zhang gi ge, dui zhang gi a ge, a ngvut zhang ibvat myvup dvo, 6 nyi tang ma yu zo wu ri chui zhang gi ge, ko pyik zhang gi a ge.

(2) Ze ngau hen. 10~11qap mai sik wa yu hen lo. Wa yu, yoso ma wa yvumgo ma yu lo lui cepye, chapse, ne, wazhang, dun, qauloq bve qom sai lvap hui ge; Sik yu, ashi zui e, shutshut za e, nui a doq e sik ri kumzing eq ngaugum, dangbat, ngauring, doqsha gvut yoso ma byvoq ge lvap hui lui yvumgo ma yu zhe dvo; 12 qap zaiyam lui, hui zhang yvumgo ma yu dvo.

(3)Doqgang zing. Ze ngau bve hen ge dvo e mai, minggvan lvomo 1~4qap ma buinyi wu ge lui zing cuq hi, buinyi gi maudap lvomo lanyi mai 15nyi gu ma napjvo ri, mangzo ri zhi a ngvut zhang yvumsing wui gvut cuq hi le. Lvokui buikui zo a ngvut zhang wakau ma a ge shi mu e bo zhang lvoqap a zhvoi ga lui tang qap tai le. Hau mai, Lagam, Mugvoq gi maudap lvomo laqap ma a ge gvut, Lanong, Muluq 2 qap ma a ge gvut, xidong jo lo le. Doqgang zing gi yvum rva, yvum zhut gve, yvumzho gve gvut ra awang, doqgang cuq e mai sheq yvumgo la ge du e lo le.

(4) Jamdvam. Yvum sai ri gi jam gu hi sai le, zing cuq ri jigoq yam zing hi ban cuq e mai kungmo zing la cuq le, kungmo zing cuq ri "rap ra zing" hi cuq, hau mai yvumbvan qoi mai azo ngam cuq lo. Zing cuq ge e mai gi jam dvam bi ra ngvut le, yvumgo gi wui a ding nvang ra midvu keshon gvut le, cepye eq sheq lvoq rva ra dut le, asu mu jam chin

---

旺盛柱, qin e ngvut zhang sikgvuq eq butpyit, zing xikat yu ri gi zhaq aqak e mu ngvut le, wagung ma boi lalvum ngvut le. 旺盛柱zing dviqgvo a dai a ge waq za lage she le, zauyvum bang zing xi she ri "bum nat" eq "wui nat" ri zhi lvui lvai byi ra dut le, hau mului "labum lanat lan", "lakung lanat lan" ga e wun lui sheq zing xi ri yvum ma wo zhi yu le ga dai le.

Zing xi she ri, yuq ge wui gi: "zauwui e, ngamoq wum a gvat e a ngvut, "bum nat" a dong o, yvang nat lan dung ro" ga ri, lan ma i shuq sho woq-u zangbung ban zo tang ma wuikung ma wo she zhe zhang: "Zauwui oi, ngamoq wum a gvat a ngvut, "wui nat" a nvang byi o, yvang nat lan dung ro" ga dung zo, zauzo zomyi zo e e lo lo din go wun de ra le, myung ngvut gvilvang, zauzo zimyi zo e nvik wu se le. Asu mu, gumyu zauzo yuqge zo bve ri, xi yvum zauzo zimyi zo jvet a jvet nvik jing a jing e le bi myang le.

Bvuinik. Bvuinik gi suwun eq atoq zvang bang myo gvut le, ganzvang a qum bang nik e qo ri a de qum. Bvuinik eq bvuinik dvoq gi buinyi ge wu lui lanyi ma za gvut le, bvuinik e nyi gi lawa bang chum kilum le, hau nyi ri lawa bang o ri wagung a ge lai toq, a ngvut zhang sibyo a lo ram ga le. Bvuinik ri gi kungmo she eq zing cuq hi e dong zhaq aqak le. Mvomyi ma dai ri, byu eq dam chom nyi byvat ri,dam byu ri zo nau lui chang kat wun ri, byu gi qam qi ri myang mu qam qi ma pang gop ri,dam gi qam ri byu dung zhang, yang qi hi ngvap wu aq, qi wo ngvap zhang byi ra ngvu e ga. Dam gi kimyvo ngvap ri a ban ngvap, kayung a yut luidvau lo byu, asu gvut byu gvang wo qi e ga. Hau mai. Lacang byu wuiqam ri jezhu bun e mizho qam ri yvum ma sibyu migum le dong qam qi gvut sibyo migum ga ri yvum ma bvuizu, bvuinik bve qom gvut e ngvut le ga.

gi zhimu yvang ngvut le mu, gvut man be bang ri yvang zhi lui qing lang ge dvo ra dut le; Qing lang ge e mai, walvum eq jam lvingquq ma wazhang bat, kumdvot o lalving zo ri woqkup jvamjvo e mai gadvu gu gi waqkup zhvat gvut, waqkup kum gi kumdvot zhvun a ngvut zhang kum qo ma gvat le. Jvamdvam ri yvumji qam myvang yvumgoq qam nyvum gvut, jam myvang pyang gi layap a de bo, jam gu ma sik 2 byvam wa 2 byvam, dangbat, ngauring, wazhang, ce. Ngauring o ma lalam gvo ma dvoqsha lagam cuq lui ngauring ri waq, ngauring toq ma 2dung gvo jvanjvan gvut ri dangbat gvat, dangbat atoq ma aluq 2to gvo jvan gvut ri wazhang gvat lui cepye gvat lui chap eq nyap dvap be. Jam dvam ge e mai gi ngaugum gvat, hau mai gi kung byvoq kung dvoq, kungtang gi kumzing toq ma lalam gvo hing lai le, hau tang mai gi qang lvang chapchap, qang gi kung o ma latung zo hing lvai lui lai go mau go ra le, hau tang ma cewam wam kum sai lo be. Hau mai, yvumjvin migau bve gvat lui yvumkung lvoq jang lvoq ging le.

(5) Bvuimung, kungpau pau. Zaimau ri yvumkung lingquq zaizhin hi she ge, zaizhvap zhvap ge mu a-o mai mau doq lo le, zai mau ri yvumsing wum-o dong mai zaijan, zaikan, bvuizhvap, bvuinik 4zhung gvut mau le，zai ri a-o mai mau doq lo ri chap eq nyap ge, kung mo ma zhe hing e zai eq kungpau pau, hau mai chaplvum eq yup zik wese chun lui zhoi tot ge e mai, zai eq shimyi gvut nik ge lui, sibyo migum qam qi sai le.

(6)Yvumwang wang.Buinyi wu ge dvo ri yvumwang wang, yvumwang wang le gi zaimau e nyi ri wang le, xi nyi ri lawa bang myit zhup wum zhup ri yvum hi wo chom mau e mai buinum zhine au wun i wun ri le chom kilum le. Yvumwang ri myi hi yu, wanghi byu qin, zanggai wap wang hi byu qin gvut 3lvum hi qin le. Myihi yu eq yvumsik ma wang hi e myi gi yu hi e myi yvang ra le, a ngvut zhang a ge ga le, myihi yu ri luqqi hai eq butsut e myi eq dvap le, myi wo dvap e mai yvumwang hi su ri hi byi (yvum wang hi su eq zanggai wap wang hi su zhe aqak, qing ge zhang piwang wo lvoq hang byi le), yvum wang hi su zangwap ma myi hi mut jung, zangwap wang hi su jvo cuq au cuq lui zang gai hi wang lo, myi mut jung e mai wapmo wapdoq ma myi mut ge e mai dumsa qangzhong bve ri zhi ri byo wut so wut ri ong mirong o gvungdvon bve gvut lui, byo dving so dving lui yvumwang wang lo be.

8. **Dainau qo:** Zaizo tungking yvumsai laili lazhvum zhaq yvang kum le, myvit qo lo ra e laili migva zhaq myo ra, amyvu e labau laili mizving ko ngvu ge dai le mu, lago migum ge lvoq byvong toq yu ra dut le. Asu e sutgan ringzhat lvum lawan lo, minggvan pong shingra liklai lawan lo qo ma, azhung zhung e zhvoi e, yung e, ging e yvum zong bve toq lo e mizho, Zaizo tungking yvumsai qo ma zhaq yvang le zang tung mu, tungking yvumsai qo ma zhaq yvang wui lo be.

Byvat zvin e ri ang e azo ma Zaizo tungking yvumsai qo ma Zaizo laili migva kadong mai wo myvit qo lo ra, xi gi nganvung banshoq bang chom myit wu ra qo ngvut be, zvang kangmo asuya eq myuq zuisai, lamgvun bve seng ang e rungwap bang bve zhaq yvang zhvam zui lo wu gvo e, asu e Zaizo tungking yvumsai qo ma seng ang e ze ngau bve sop zving ho zving e a kum mu e mizho, a ngvut zhang zuisai qo ma ze ngau a kum mu, azong lvoq toq mu sai toq yvum a ngvut zhang lum pau, a ngvut zhang Zaizo tungking isam a bo dut byuq mu, mingbyu wui a wu o nau mu a wo lvoq zham e lo. Zhe qen gi akui Zaizo tungking yvumsai qo ma myit wo chom qum dvo e gan a bo, asu mu, ze ngau lago qom ho zving lui, myit chom qum lvum e gan lalvum misat dvo ra dut ra.

Hau mizho, Lungchon Zaizo ringzhat dvoqlo samlik pung ma zhaq chom samlik chom bongban lui, a-o ma zvomra zhung diqa isam e laili migva myvit qo ra dut ri ngvu dai nau ra:

Lalvum gi yvum zong: Yvum qang gi zumtang zong, shutang hing, yvumkung ma bvuizu cuq, yvumkung tang 2 tang ma buikuq gvat, yvumbvat tung ma sham^①qam gvat; Ilvum gi kungmo chang ri kum wang, kumqo (门廊) laili lvoq toq；Sumlvum gi ngo gung kumzing eq ngo dung tiluq gvat; Myilvum gi 领位尊位 mumzing bo ra le; Ngolvum gi misan eq ngaugum gvat, ngaugum eq yvum 2 tai ri lvoq jvo, misan mi gi woq ze bve lvang; Yvum 2qam ma atoq a-o lvoq toq lui jamlong eq dangbat lvoq qang, jamlong eq dangbat lanau gvo jvo, gantung tung ma atoq a-o lvoq qang dangbat, wazhang, jamlong myang qang, ngauring eq dangbat lato zo gvo jvo lvum; Nyvitlvum gi kung tang ma lo ulvum dvok; Shitlvum gi yvumbvan gantung shutang ma qam qi tilong soi dvap; Gaulvum gi kumgoi gvat, wapdoq dvo, wapdoq eq bingdoq wap godvu dvu pik.

Yvumsai lo ri chang ra gan: （1）Yvum paqshong gan 86~106°, zumtang su dut akau 78°；（2）Kumqo hing pyang shau dik yvum byvi lam ma lawui;（3）Kihot lam pyang shau dik gi wap lam pyang ma lawui;（4）Zhiqo lang gi ce qam mai 3dung myit.

译载瓦文：穆勒弄

一、老民居部分

（一）立木柱

1. 立木柱是在地基找平前在朝阳一边最上方立的小柱，是地基水平线的固定点，立木柱后砍坡找平地基；

2. 校正地基，用对角线相等校正长方形宅基地。

Yvumzhvoi langrva, pezhet langding

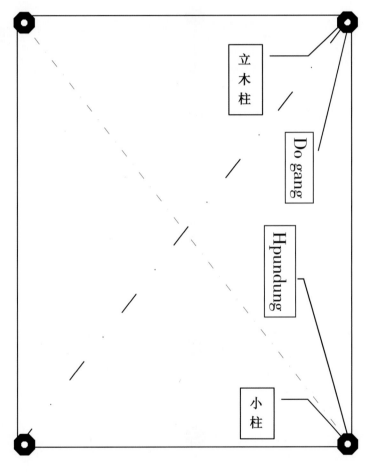

（二）定柱

1. 先定左右小柱，后定大柱；

2. 大柱先定尊领分割线柱，然后朝前的定领位，靠后的定尊位；

3. 先建楼板部分，后建门廊。

定柱图
SHATO SHARIN SUMLA

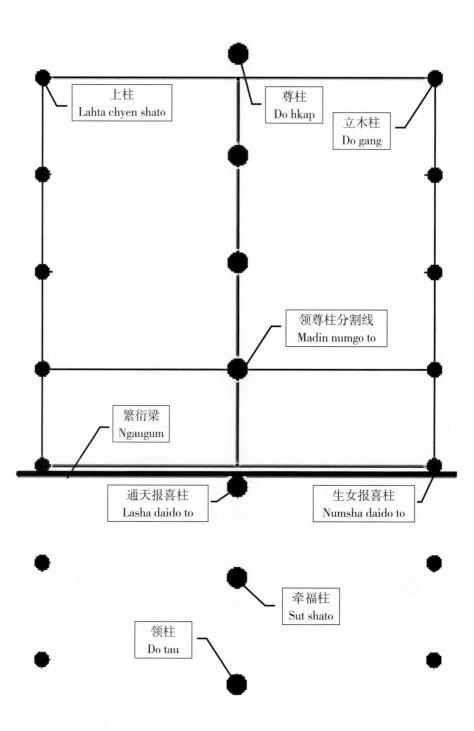

上柱
Lahta chyen shato

尊柱
Do hkap

立木柱
Do gang

领尊柱分割线
Madin numgo to

繁衍梁
Ngaugum

通天报喜柱
Lasha daido to

生女报喜柱
Numsha daido to

牵福柱
Sut shato

领柱
Do tau

民房平面图
ARAT RA MU SUMLA

（三）老民居平面分布图

房子从大柱线分为阴阳两边，阴一边为神客部分，通常主要摆放神灵位，有客时男客住，也可未婚男子住，无望出嫁的老姑娘只能安顿在水筒架和目代室以下，忌已婚男子和女儿住。房间里开火塘是成家的标志，开火塘时，主人的火塘要比客房火塘高；四代以上同堂的有孙的住厨房以上。

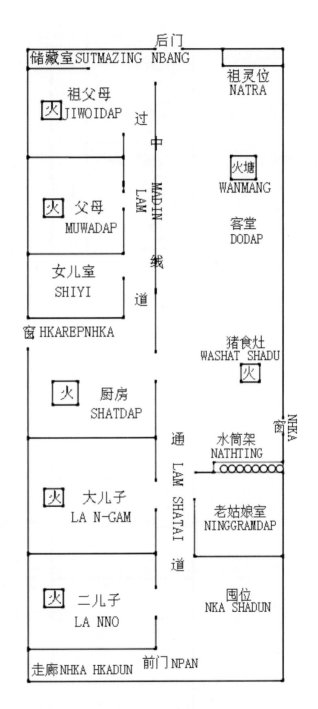

贵族房平面图

DU MAKAM NTA RA MU SUM SUMLA

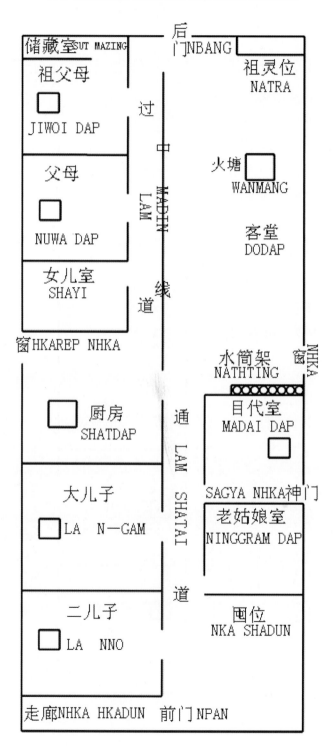

（四）民房底层剖视图

DARAT NTA LAM SHACHYEN SUMLA

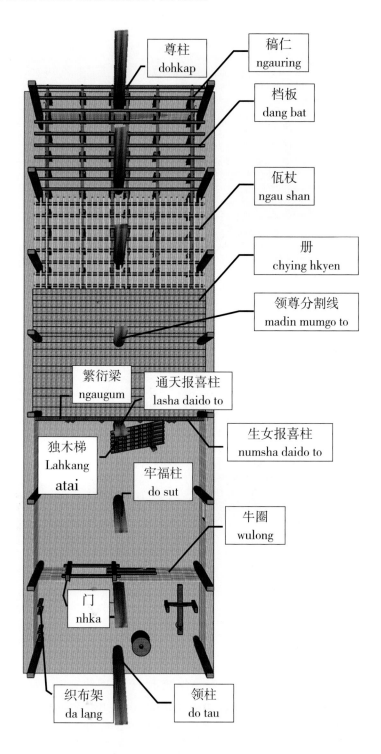

尊柱 dohkap
稿仁 ngauring
档板 dang bat
佤杖 ngau shan
册 chying hkyen
领尊分割线 madin mumgo to
繁衍梁 ngaugum
通天报喜柱 lasha daido to
生女报喜柱 numsha daido to
独木梯 Lahkang atai
牢福柱 do sut
牛圈 wulong
门 nhka
织布架 da lang
领柱 do tau

左视图
PAI HKU YU SHACHYE

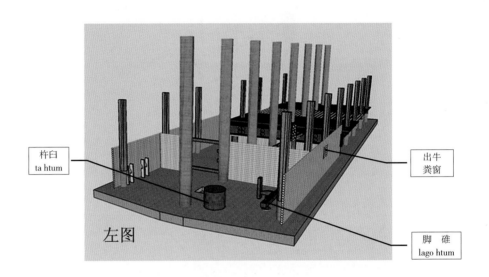

杵臼
ta htum

出牛
粪窗

脚碓
lago htum

左图

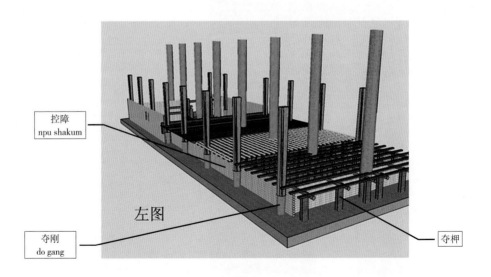

控障
npu shakum

夺刚
do gang

夺柙

左图

注：民房为防盗贼和野兽侵害牛马家禽把房圈建为一体。

Darat nta lagut the dusat hpe machya na matu nga gumra wulong nta ko rau sha galo bang.

右视图
HKRA HKU YU SHACHYEN

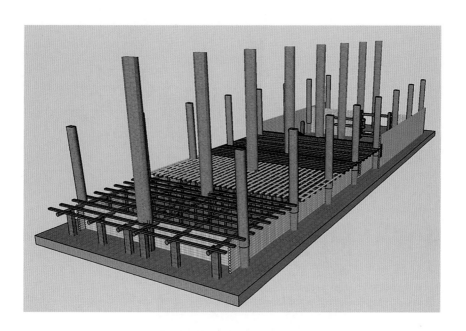

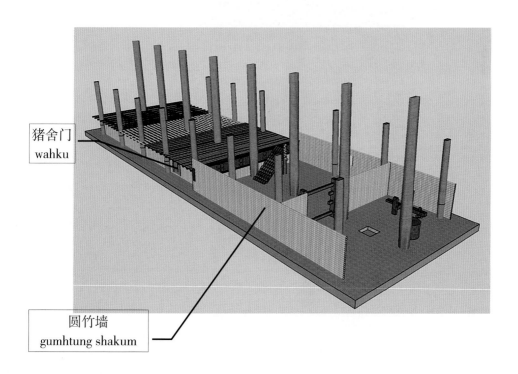

猪舍门
wahku

圆竹墙
gumhtung shakum

（五）贵族房底层剖视图

DU MAKAM GATA LAM RA MU SHACHYEN SUMLA

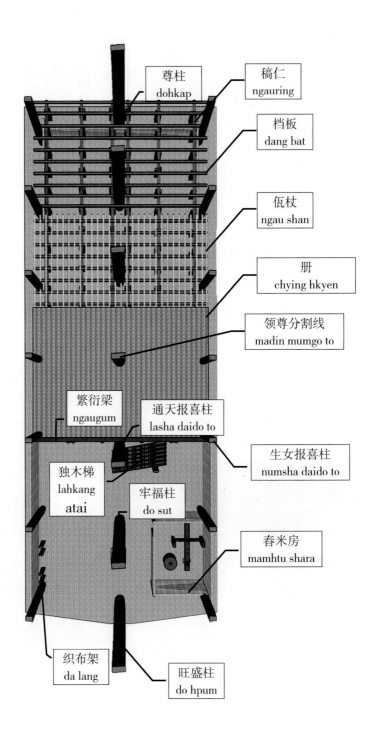

尊柱
dohkap

稿仁
ngauring

档板
dang bat

佤杖
ngau shan

册
chying hkyen

领尊分割线
madin mumgo to

繁衍梁
ngaugum

通天报喜柱
lasha daido to

生女报喜柱
numsha daido to

独木梯
lahkang
atai

牢福柱
do sut

春米房
mamhtu shara

织布架
da lang

旺盛柱
do hpum

贵族房底层图

DU MAKAM NTA GATALAM SUMLA

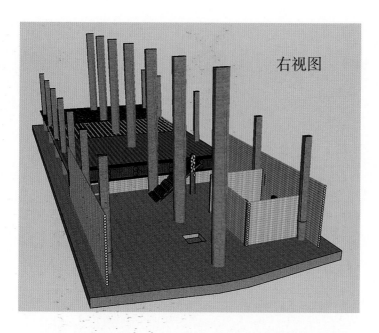

右视图

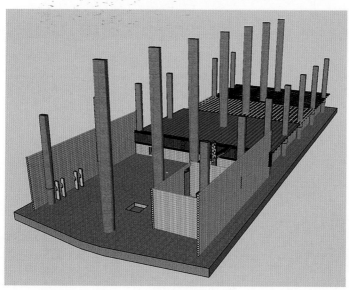

注：贵族房牛圈另外建，一般建成上住长工下关牛；领柱叫旺盛柱。
Du makam nta wulong hpe gaka ko galo, ntsa e nchyang ni yup do tau hpe do hpum nga.

（六）民房图

DARAT NTA SUMLA

前视图

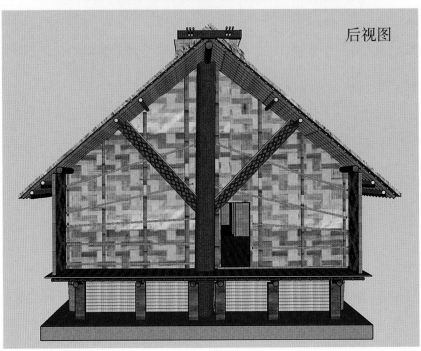

后视图

右视图

左视图

（七）贵族房视图

DU MAKAM NTA SUMLA

前图

后图

注：鱼翅斜顶杆与屋面平行。

　　Nga singko zon re dumdan the ra ai numgo ntsa.

左侧图

右侧图

（八）房顶剖视图

NTA NTSA RA MU SUMLA

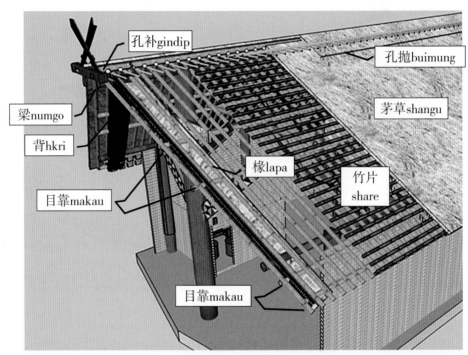

孔补gindip
孔抛buimung
茅草shangu
梁numgo
背hkri
椽lapa
竹片 share
目靠makau
目靠makau

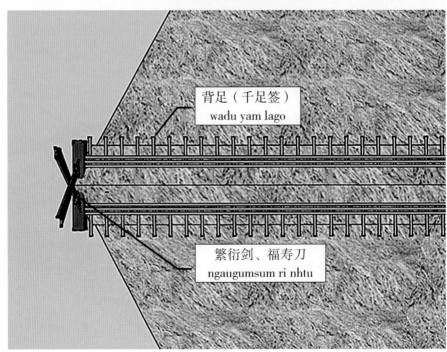

背足（千足签）
wadu yam lago

繁衍剑、福寿刀
ngaugumsum ri nhtu

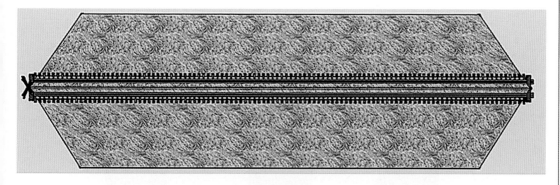

房顶图

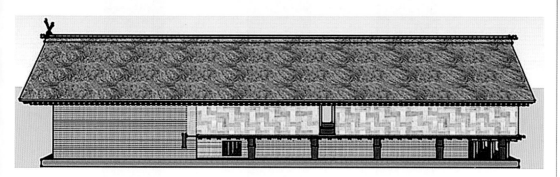

左侧图

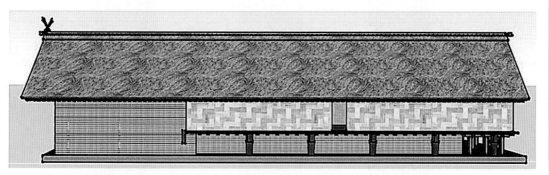

右侧图

（九）繁衍梁NGAUGUM

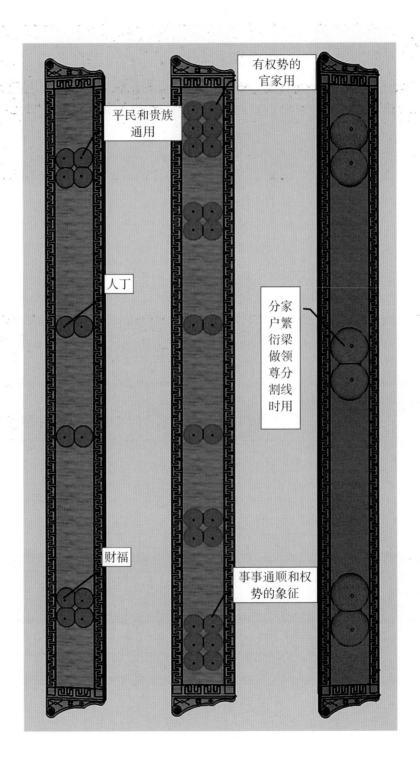

有权势的
官家用

平民和贵族
通用

人丁

分家
户繁
衍梁
做领
尊分
割线
时用

财福

事事通顺和权
势的象征

（十）鱼形柱

NGAHKUM SHATO

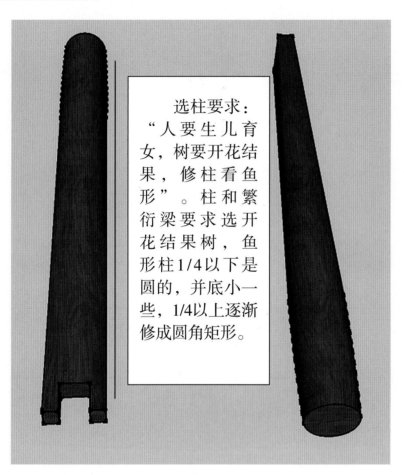

选柱要求：
"人要生儿育女，树要开花结果，修柱看鱼形"。柱和繁衍梁要求选开花结果树，鱼形柱1/4以下是圆的，并底小一些，1/4以上逐渐修成圆角矩形。

（十一）楼板结构图

NTSA NTA HKRIHKRO SUMLA

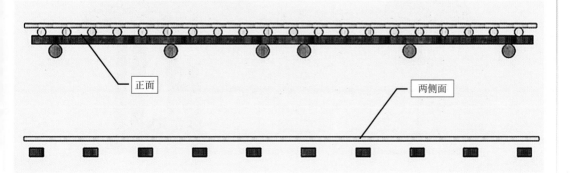

正面

两侧面

二、现代民居部分

NDAI PRAT DARAT NTA NKAU

（一）二层民居HTAP NHKONG DARAT

前图

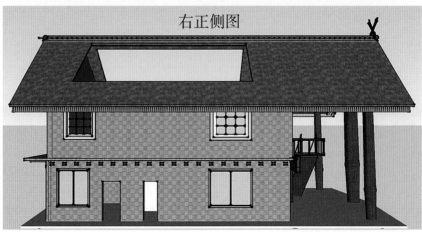

右正侧图

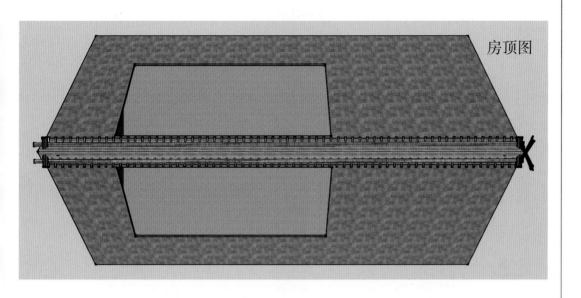

房顶图

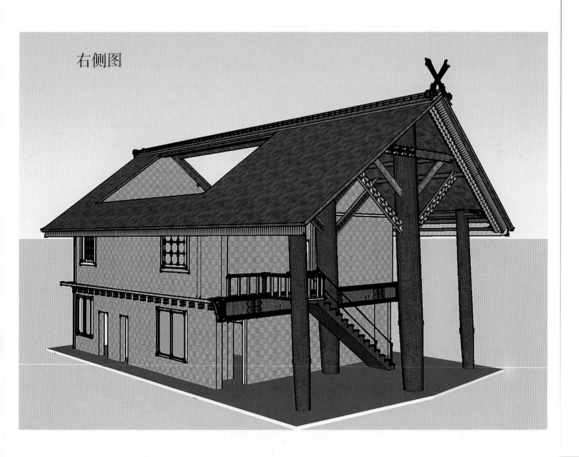

右侧图

后图

左侧图

储藏室

卫生间

卧室

客厅

门廊

门廊长房宽一半以上。
滴水控制在1~1.2米

卧室

卫生间

卫生间

厨房

二层民居一层平面图

佤夺

卧室

卧室

卫生间

卧室

卫生间

走廊

繁衍梁

二层民居二层平面图

（二）二层民居侧门廊房

HTAP NHKONG NPAN NHKREM DE BANG AI DARAT NTA

正面图

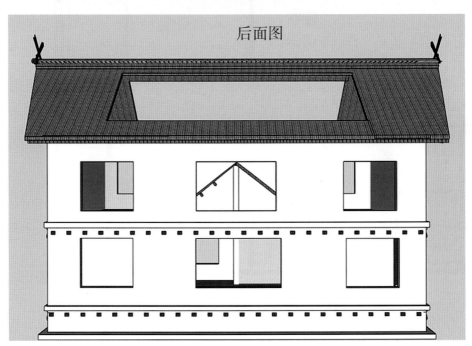

后面图

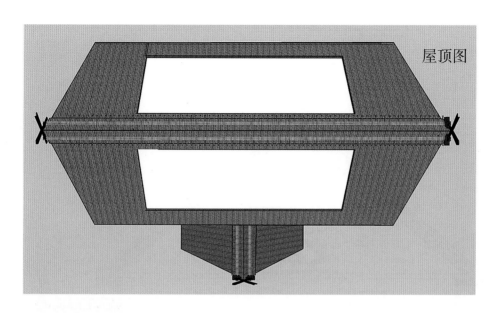

屋顶图

左侧图

右视图

内角图

注：两则内角墙画百鸟图。

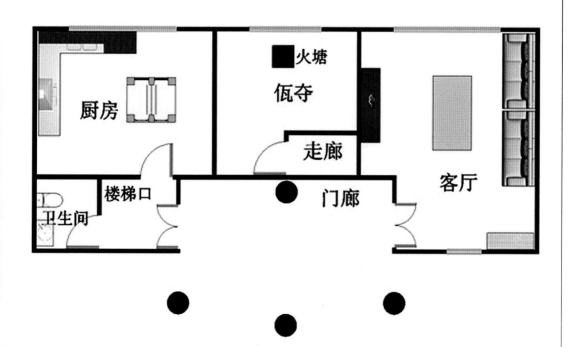

二层民居侧门廊房一层平面图

二层民居侧门廊房二层平面图

（三）一层侧门廊房

HTAP MI NHKA JAROP NHKREM NTA

正面图

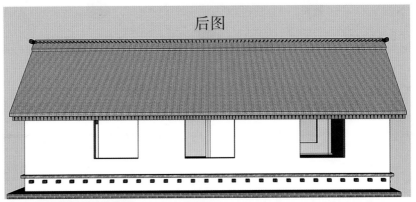

后图

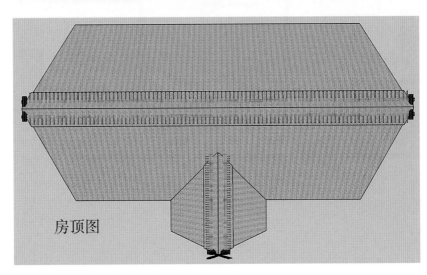

房顶图

右侧图

左侧图

门厅图

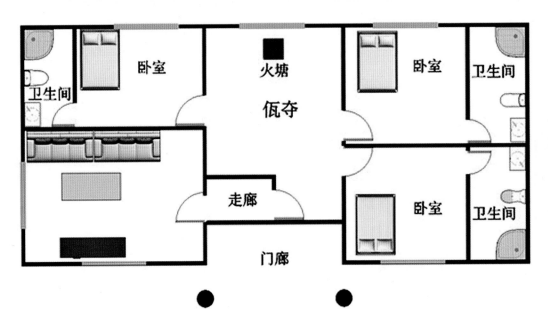

（四）一层民居

DARAT NTA HTAP M

前图

后图

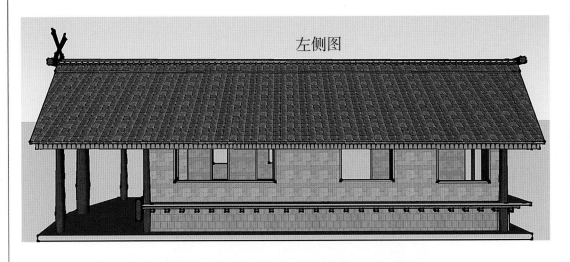

左侧图

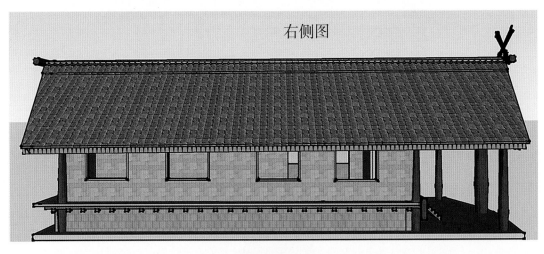

右侧图

房顶图

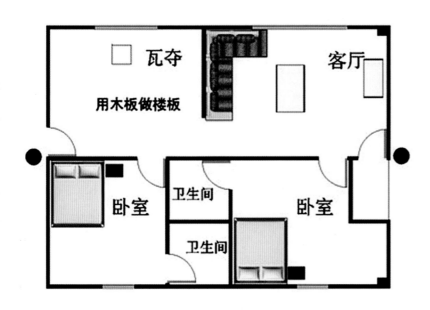

一层二室一厅一低夯平面图

一层三室一厅一低夯平面图

一层三室一厅一低平面图

（五）社房图

前图

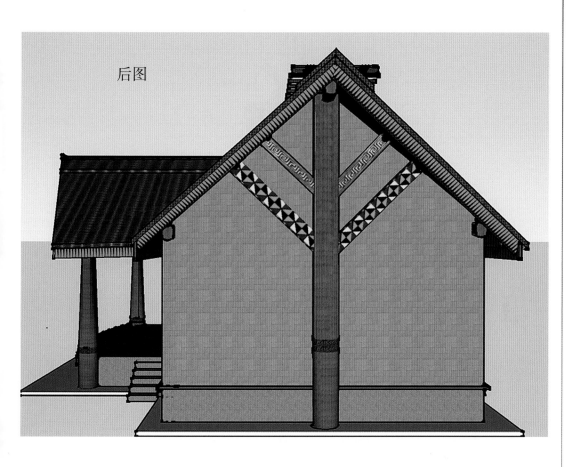

后图

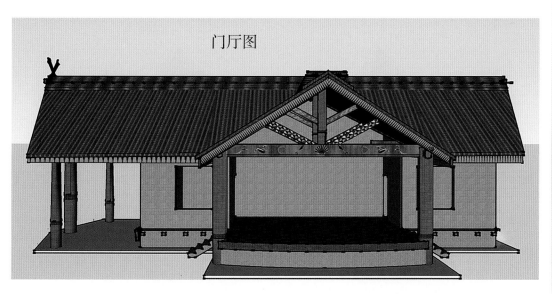

门厅图

（六）大门图

（六）寨门桩排列

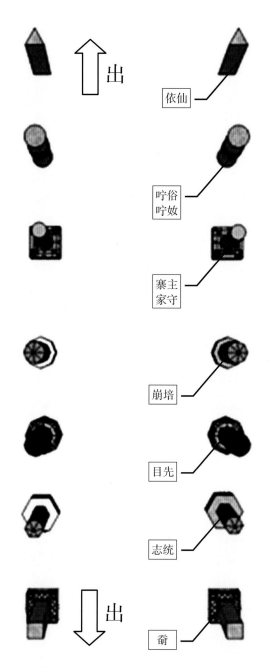

注：寨门桩数量按照祭祀的鬼神数量而定，但祭祀的主要鬼神是相同的，
　　仅有些寨主的守护神2~3个，寨门桩会多出来，最少有目先、守护
　　神、志统、奇四对；排列一般以守护神为界神桩在里鬼桩在前；每对
　　桩出门雄桩在左雌桩在右，坡地雄桩在上雌桩在下。

后 记

我开始注意景颇族传统民居在于1999年，当时县政府安排广山寨子的群众用绿叶宴接待一位有级别的贵宾，也是政府首次用绿叶宴接待贵客，受到赞赏，留下了1万。群众受到激励很激动，把接待费用除去留下8000元，到章凤镇政府汇报他们寨子准备建盖景颇族传统民居和接待餐厅，我听了后觉得好事又不要政府投入就答应他们去筹备。得知寨子的积极性很高，家家户户出建筑材料出义务工，约4月初建起传统民居。此事章凤地区也是新鲜事，很多老干部过来看，跟我提了一些意见。如：中柱不错位领尊不分，楼板只三层是寡妇房，繁衍梁不标准等。使我认识了盖茅草围篱笆墙还不是景颇族传统民居。想要展示景颇族民居建筑，还需要学习。从此开始注意收集景颇族传统民居建筑，了解文化内涵。先后在陇川县各乡镇和陇川对面缅甸的景颇族村寨的长者探问收集，专访了末代山官原县政协副主席排早盾和原县政协副主席邦瓦勒排早堵官太尚扎旺，特别是官太尚扎旺住过完整的景颇族传统官房，介绍得仔细。才知出头梁雕刻虎头辟邪、上有目散下有繁衍梁、有日月星神铃、目代神室水筒架下方火塘上面有祭坛、柱有鱼翅斜顶杆、用背(千足蜈蚣)护魂、拉回来的才叫夺棚增等。

经过10多年的收集和实践感到，景颇族传统民居建筑看似简单，实际文化内涵丰富、结构科学，把景颇族的天地、繁衍、尊老爱幼、教育、和睦等理念融入在其中，很多值得进一步研究和挖掘，特别是景颇族传统民居无建筑师，憑经验建房，很多建筑文化散落存在多个地区，说法不一，需要推敲。推敲中谨慎阴为阳用，因为景颇族的认识中任何事物都阴阳存在，任何事物的运用都分阴间用阳间用之分。

虽然经过10多年的接触收集，但多数在陇川地区，而且地区不同有一定差异，也许还没有收集到更有代表性的内容，还有本人的写作水平和画图水平差，无法展示得更清晰，此书仅对景颇族传统民居建筑作粗浅的探究，错误和疏漏之处有所难免，敬请专家学者、广大读者和景颇族同胞给予批评指正。

在本书编写中得到毛勒端、何勒崩、岳品荣、穆勒弄、王立新等领导和朋友的大力帮助；在出版中得到德宏州安监局、陇川县文体广电旅游局、陇川县景颇族学会、陇川县安监局、郑当棍先生的赞助。在此，一并表示衷心感谢。

作　者

2013年11月20日